土力学实验指导教程

TULIXUE SHIYAN ZHIDAO JIAOCHENG

赵洋毅　段旭　熊好琴　主编

中国农业出版社

编 写 人 员

主　编　赵洋毅　段　旭　熊好琴
副主编　杨桂英　赵占军
编写人员（按姓氏笔画排序）
刘　楠（太原理工大学）
杨　坤（西南林业大学）
杨桂英（西南林业大学）
赵占军（吉林农业大学）
赵洋毅（西南林业大学）
段　旭（西南林业大学）
曹光秀（西南林业大学）
曹向文（西南林业大学）
韩姣姣（西南林业大学）
熊好琴（西南林业大学）
薛　杨（西南林业大学）

前　言

　　《土力学实验指导教程》为高等学校水土保持与荒漠化防治专业基础课程——土力学的配套实验教学用书。土力学具有理论性强、实践性强的特点，而土力学实验是土力学课程的重要组成，通过实验教学，可加强学生对理论知识的理解，使学生熟悉实验相关仪器设备操作，掌握土力学实验基本技术和技能，同时培养学生的动手能力、分析问题和解决问题的能力。

　　本书介绍了常用的土力学实验的原理、实验仪器设备、实验方法及步骤等。全书共有11个实验，书后附2个附录。内容包括土的基本物理、力学性质指标实验和设计性实验，分别为土的密度、土的含水率、土的相对密度、土的颗粒级配、粗粒土的休止角、土的界限含水率、土的击实性、土的渗透性、土的压缩性、无侧限抗压强度和土的抗剪强度的测定。同时，提出设计性实验的思路和方法，主要是与水土保持关联密切的植物固土力学特性指标，分别为根系抗拉强度和根-土复合体抗剪强度测定。每个实验内容后均附有思考题，以便学生加深对相关内容的理解。本书的实验项目可以根据课时情况选择。

　　本书编写人员的分工如下：实验一由韩姣姣编写，实验二由熊好琴编写，实验三由赵占军、杨桂英编写，实验四由刘楠编写，实验五由赵洋毅编写，实验六和实验八由段旭编写，实验七由曹向文编写，实验九由曹光秀编写，实验十由赵占军编写，实验十一由薛杨、杨坤负责编写，附录一由赵洋毅、薛杨、杨坤编写，附录二由赵洋毅编写。全书由赵洋毅、段旭、熊好琴、赵占军、杨桂英统稿。

本书在出版过程中，得到"云南省一流建设学科（生态学）建设项目""云南省高校优势特色重点学科（生态学）建设项目"的资助。由于编者水平有限，书中难免存在不妥之处，恳请读者提出宝贵意见和建议。

编　者

2017 年 10 月

目　　录

前言

实验一　土的密度测定

一、实验目的

本实验的目的在于测定土在天然状态下单位体积的质量，以便了解土的疏密状态及与其他实验配合计算土的干密度、孔隙比及饱和度等物理性质指标和工程设计与控制施工质量。

二、实验原理

土的密度是质量密度的简称，指土的湿密度，即土的总质量 m 与其体积 V 之比，以符号 ρ 表示，除此以外还有土的干密度 ρ_d、饱和密度 ρ_{sat}，单位为 g/cm^3；相应的重度称为湿重度 γ、干重度 γ_d、饱和重度 γ_{sat} 和有效重度 γ'，由于涉及作用于质量上的重力，所以表示为单位体积的力，以符号 γ 表示（重度原称容重），单位为 kN/cm^3。两者换算关系见式（1-1）：

$$\gamma = g \times \rho = 9.81 \times \rho \approx 10 \times \rho \qquad (1-1)$$

三、实验内容

土的密度是单位体积土的质量。单位体积土中固体颗粒的质量称为土的干密度；土体孔隙中充满水时的单位体积质量称为土的饱和密度；在计算自重应力时，须采用土的重力密度，即重度，是指单位体积土的质量。

四、实验方法

测定土的密度常用的方法主要有：①环刀法，适用于黏性土；②蜡封法，适用于易破碎、形状不规则的坚硬土；③灌沙法，适用于砾类土等粗粒土；④核子射线法，适用于沙类土、黏性土。

下面分别介绍环刀法、蜡封法、灌沙法、核子射线法。

（一）环刀法

环刀法就是采用一定体积环刀切取土样使土灌满环刀，并称量土的质量的方法，从而达到测定密度的目的。环刀内土的质量与环刀体积之比即为土的密度。环刀法操作简单、准确，在室内和野外均普遍采用。

1. 实验器具

（1）环刀。目前常用的环刀内径有（61.8±0.15）mm 和（79.8±0.15）mm 两种，高度为（20±0.016）mm。环刀的质量、容积须定期校验。

（2）天平。称量 500g，分度值 0.1g；称量 200g，分度值 0.01g。

（3）其他。切土刀、钢丝锯、烘箱、环刀托、干燥器等。

2. 实验步骤

（1）量测环刀。调整天平平衡，取出环刀，称量环刀质量，并涂一薄层凡士林。

（2）制备土样。按工程需要取原状或制备所需状态的扰动土样，土样的直径及高度均应大于环刀，整平其两端放在玻璃片上。

（3）切取土样。将环刀的刀口向下放在土样上，然后用切土刀将土样削成略大于环刀直径的土柱，将环刀垂直下压，边压边削使土样上端伸出环刀为止，然后将环刀两端的余土削平，直至土样上表面伸出环刀，将两端面盖上平滑的玻璃片，以免水分蒸发。

（4）土样称量。擦净环刀外壁，称环刀加湿土的质量，精确到 0.1g，查环刀质量表。

（5）本实验需进行两次平行测定，其平行差值不得不大于 0.03g/cm³，求其算术平均值。

3. 数据记录及分析

按式（1-2）计算土的湿密度：

$$\rho = \frac{m}{V} = \frac{m_1 - m_2}{V} \qquad (1-2)$$

式中：ρ 为密度，计算至 0.01g/cm³；m 为湿土质量（g）；m_1 为环刀加湿土质量（g）；m_2 为环刀质量（g）；V 为环刀体积（cm³）。

密度实验需进行两次平行测定，其平行差值不得大于 0.03g/cm³，取其算术平均值，密度实验记录在表 1-1 中。

表 1-1　密度实验记录

土样编号	环刀号	环刀+湿土质量 m_1/g	环刀质量 m_2/g	湿土质量 m/g	环刀体积 V/cm³	密度/(g/cm³)	
						单值	平均值
1							
2							
3							

（二）蜡封法

蜡封法是将一定质量的土样浸入融化的石蜡中，然后分别称其在空气中和水中的质量，根据阿基米德原理——物体在水中减少的质量等于其排开同等体积的质量，计算被排开水的体积，从而测得土的密度。本方法适用于易破裂土、形状不规则的坚硬土。在野外未用环刀取样，但采有原状土，可用此法。

1. 实验器具

（1）石蜡及熔蜡加热器（锅和酒精炉等）。

（2）天平。称量 200g，感量 0.01g。

（3）其他。烧杯、杯托、切土刀、细线、针、滤纸、温度计、干燥器等。

2. 实验步骤

（1）采取土样。将野外采取的原状土样带回室内。

（2）切取土样。从原状土中切取大于 30cm³、具有代表性的块状土样，用刀清除削去表面浮土及尖锐棱角，用细线系住，土样的直径及高度均应大于环刀，整平其两端放在玻璃片上，称重（精确到 0.01g）。

（3）浸蜡封土。持细线将土样徐徐浸入刚过熔点的蜡液（60℃左右）中，待土样全部浸没后立即提出，使土样周围包着一层石蜡薄膜。然后检查土样周围的蜡膜是否完全封闭，当有气体时用针刺破，再用热蜡液涂封孔口。待冷却后称蜡封土样质量（精确到 0.01g）。

（4）称取试样。持冷却后的蜡封试样的一端，浸没在盛有纯水的烧杯中，测定蜡封试样在纯水中的质量，并测定纯水的温度。

（5）取出试样。擦干蜡面上的水分，称其质量。当浸水后的试样质量增加时，应另取试样重做实验。

3. 数据分析

按式（1-3）计算土的密度：

$$\rho = \frac{m}{\dfrac{m_{\mathrm{w}} - m'}{\rho_{\mathrm{w}T}} - \dfrac{m_{\mathrm{w}} - m}{\rho_{\mathrm{n}}}} \qquad (1-3)$$

式中：ρ 为土样的天然密度（g/cm³）；m 为土样的质量（g）；m_{w} 为蜡封试样质量（g）；m' 为蜡封试样在纯水中质量（g）；$\rho_{\mathrm{w}T}$ 为纯水在温度为 T 时的密度（g/cm³）；ρ_{n} 为蜡的密度（g/cm³）。

蜡封法实验应进行两次平行测定，两次测定的差值不得大于 0.03g/cm³，取两次算术平均值。

（三）灌沙法

利用在确定的灌入状态下，沙的密度（可以在相同灌入条件下事先测得）

不会发生变化的原理，测定试坑中沙子质量，从而计算试坑的体积，达到测定土体密度的目的。

1. 实验器具

(1) 灌沙法密度测定仪。

(2) 天平。称量 10kg，分度值 5g；称量 500g，分度值 0.1g。

(3) 其他。小铁锹、小铁铲、盛土容器等。

2. 实验步骤

(1) 标准沙密度测定。①选取一定量的粒径为 0.25～0.50mm、密度为 1.47～1.61g/cm³ 的洁净干燥沙。②称量组装好的密度测定仪质量 m_1。③将密度测定仪竖立（漏斗向上），向容沙瓶内注满清水（用小玻璃板封口，以玻璃板下气泡最小为准），称测定器和水的质量 m_2，同时测记水温。再重复测定两次。将三次测定结果换算为该温度下水的体积，三次结果最大差值不得大于 3mL，取三次测定值的平均值作为密度测定仪容沙瓶的体积。④按上述步骤将水换为标准沙，测定标准沙充满容量瓶后密度测定仪和标准沙的质量 m_3。⑤按式（1-4）计算容沙瓶的容积：

$$V_r = (m_2 - m_1)V_w \qquad (1-4)$$

式中：V_r 为容沙瓶体积（mL）；m_2 为密度测定仪和水的质量（g）；m_1 为密度测定仪的质量（g）；V_w 为每克水的体积（mL/g）。

不同温度下，水的密度不同，在计算密度测定仪容沙瓶容积时，要根据测定时的温度使用不同的 V_w，其值见表 1-2。

表 1-2 不同温度下每克水的体积

水温/℃	12	14	16	18	20	22
每克水体积/mL	1.000 48	1.000 73	1.001 03	1.001 38	1.001 77	1.002 21

水温/℃	24	26	28	30	32
每克水体积/mL	1.002 68	1.003 20	1.003 75	1.004 35	1.004 97

按式（1-5）计算标准沙的密度：

$$\rho_s = \frac{m_3 - m_1}{V_r} \qquad (1-5)$$

式中：ρ_s 为标准沙的密度；m_3 为测定仪和标准沙的质量（g）。

(2) 测定灌满漏斗所需标准沙的质量。①将标准沙灌满容沙瓶，称测定器和标准沙的质量 m_3。将测定器倒置于洁净的平面上（漏斗朝下），打开阀门，待沙停止流动后迅速关闭阀门，称剩余沙和测定器质量 m_4，计算流失沙的质

量 m_5。②按式（1-6）计算灌满漏斗所需标准沙的质量：

$$m_5 = m_3 - m_4 \tag{1-6}$$

式中：m_4 为剩余沙和测定器质量（g）；m_5 为灌满漏斗所需标准沙质量。

（3）实验要点。①将测定仪倒置（漏斗朝下）于整平的地面上，沿灌沙漏斗外缘画一轮廓线，在所画轮廓线内挖坑，试坑大小应根据土的最大粒径确定。②将挖出的土全部装入容器，称出湿土总质量，同时取代表性试样测定含水率。③将沙充满容沙瓶，称标定器和标准沙质量 m_3，将测定器倒置（漏斗朝下）于挖好的坑口上（如坑口土质较松软，要采用底版。当使用底板时，应把底板空洞视为灌沙漏斗的一部分），打开阀门，使标准沙流入试坑，当沙停止流动时关闭阀门，称测定器和剩余沙质量 m_6。试样土规格和试坑尺寸见表1-3。

表1-3 最小体积和测定含水率试样质量

土的最大粒径/mm	试坑尺寸/mm		测定含水率应取试样质量/g
	直径	高度	
5～25	150	200	100
25～50	200	250	300

（4）充满试坑所需沙质量按式（1-7）计算：

$$m_7 = m_3 - m_5 - m_6 \tag{1-7}$$

式中：m_6 为灌满试坑后测定测定仪和剩余沙质量（g）；m_7 为灌满试坑所需标准沙质量（g）。

（5）密度和干密度按式（1-8）、式（1-9）计算：

$$\rho = \frac{m}{m_7} \times \rho_s \tag{1-8}$$

式中：m 为试坑内土的质量（g）。

$$\rho_d = \frac{m}{m_7(1 + 0.01\omega)} \times \rho_s \tag{1-9}$$

式中：m 为试坑内土的质量（g）；ω 为土壤含水率（%）。

（四）核子射线法

核子射线法广泛用于路基填土压实工程中检测土的密度。核子湿度密度仪的原理是根据不同密度的土对 γ 射线（铯137-γ 源，半衰期为33.2年）的反射，间接地求出该材料的密度。

1. 实验器具 核子湿度密度仪由主机和附件组成。①主机由放射源、探测器、微处理器、测深定位装置等组成。放射源：铯137-γ 源，辐射活性

3.7×10^8 Bq 镅 241/铍中子源，辐射活性 1.85×10^9 Bq。②附件有标准块、导板、钻杆、充电器。③技术指标。测量范围：含水量 $0 \sim 0.64$ g/cm³，密度 $1.12 \sim 2.73$ g/cm³。准确度：含水量 ± 0.004 g/cm³，密度 ± 0.004 g/cm³。

2. 实验步骤

（1）标准计数和统计实验。将标准块放在坚硬的材质表面，按规定将仪器放置在标准块上，仪器手柄设置在安全位置。周围 10m 以内无其他放射源，3m 以内的地面上不得堆放其他材料。按下启动键，开始进行标准计数或统计实验。操作人员应退到离仪器 2m 以外区域。当仪器发出结束信号后，检查密度的标准计数或统计分析结果，如果其数值在规定的范围，即可开始检测。

（2）输入设定参数。①测量计数时间（不宜小于 30s）；②选择计量单位 g/cm³ 或 kg/cm³；③密度的偏移量，当无偏移量时输入"0"；④测点记录号。

（3）平整被测材料表面，必要时可用少量细粉颗粒铺平，然后用导板或钻杆造孔。孔深必须大于测试深度，孔应垂直，孔壁光滑，不得坍塌。

（4）按规定方法将仪器就位，并将放射源定位到预定的测试深度，按下启动键开始测试，操作人员退到离仪器 2m 以外的区域。

（5）当仪器发出结束信号后，储存或记录检测结果，并将放射源退回到安全位置。

（6）实验误差应满足以下规定要求。本实验在同一测点，仪器在初始位置进行第一次读数，然后将仪器绕测孔旋转 180° 进行第二次读数，密度应分别取两次读数的平均值。密度的平行差值不应大于 0.03g/cm³。如果两次测定的平行差值超过允许差值，则应将仪器再绕测孔旋转到 90° 和 270° 的位置进行两次读数，取其四次读数的算术平均值。

3. 数据记录及分析　干密度计算按式（1-10）计算：

$$\rho_d = \rho - \rho_{sw} \tag{1-10}$$

式中：ρ 为湿密度（g/cm³）；ρ_d 为干密度（g/cm³）；ρ_{sw} 为含水量（单位体积土中水的质量，g/cm³）。

五、注意事项

1. 当土样坚硬、易碎或含有粗颗粒不易修成规则形状，采用环刀法有困难时，可采用蜡封法，即将需测定的土样称重后浸入融化的石蜡中，使土样表面包上一层蜡膜，分别称（蜡＋土）在空气及水中的质量，已知蜡的密度，通过计算便可求得土的密度。

2. 环刀法切取试样时，应垂直静压，边压边削，不要使环刀内壁与试样间留有空隙。

3. 切取试样时，一般不应填补，如确需填补，填补部分不得超过环刀法体积的 1%。

4. 用蜡封法时，因石蜡燃点较低，熔蜡时湿度不宜过高。若湿度过高，对土样的含水量和结构都会产生一定的影响，使密度及含水量偏低；若湿度过低蜡皮不易封好，易形成气泡或针眼，因而熔蜡温度一般控制在 50～60℃。

5. 防止石蜡进入土孔隙内部，以免影响测试结果。

6. 称量土样时，应考虑系土样细线的质量。

7. 此外，当现场测定原状沙和砾质土的密度时，用灌水法或灌沙法测定，具体步骤详见《土工实验方法标准》（GB/T 50123）。

六、思考题

1. 简述土粒密度、土壤容重和土壤孔隙度之间的关系。

2. 测定土壤密度时，为什么要用环刀采集土壤结构未破坏的原状土壤？

3. 天然密度的测量方法是什么？

4. 土粒密度和土壤容重测定的原理分别是什么？并说明测定方法。

5. 标准小环刀体积是多少？

6. 说明土壤孔隙度的计算方法。

7. 密度和干密度的区别是什么？

实验二　土的含水率测定

一、实验目的

测定土的含水率，以了解土的含水情况，是计算土的孔隙比、液性指数、饱和度及其他物理力学性质不可缺少的一个基本指标。

二、实验原理

含水率反映土的状态，含水率的变化将使土的一系列物理力学性质指标随之而异。这种影响表现在各个方面，如反映在土的稠度方面，使土成为坚硬、可塑或流动的；反映在土内水分的饱和程度方面，使土成为稍湿、很湿或饱和的；反映在土的力学性质方面，能使土的结构强度增加或减小，紧密或疏松，构成压缩性及稳定性的变化。

三、实验内容

土的含水率是指土中水的质量与干土质量的比值，也称土的含水量。适用范围为粗粒土、细粒土、有机质土和冻土。

四、实验方法

烘干法是根据加热后水分蒸发的原理，将已知质量的土样放入烘干箱，在100～105℃温度条件下烘干至恒重时，失去的水的质量与干土质量的比值，即含水率，用百分数表示。

五、实验器具

1. **烘箱**　采用温度能保持在105～110℃的电热烘箱。
2. **电子分析天平**　称量200g，感量0.01g；称量1 000g，感量0.1g。
3. **其他**　干燥器、铝盒、切土刀等。

六、实验步骤

1. 湿土称量　选取具有代表性的试样 10～20g，沙性土、有机质土 50g，放入已知重量 g_0 的铝盒中，立即盖好盒盖，称盒盖、盒身及湿土的质量，精确至 0.01g，将数值 g_1 填入表 2-1。

2. 烘干冷却　打开盒盖，放入烘箱，在温度 105～110℃下烘至恒重，烘干时间对黏性土、粉土不得少于 8h，对沙土不得少于 6h，对含有机质超过干土质量 5% 的土应将温度控制在 65～70℃的恒温下烘至恒重。取出土样，盖好盒盖，放入干燥器冷却，一般冷却 20min 左右称重并记录干土及铝盒的重量，称干土质量，精确至 0.01g，将数值 g_2 填入表 2-1。

表 2-1　密度实验记录

土样编号	盒号	铝盒质量 g_0/g	铝盒加湿土质量 g_1/g	铝盒加干土质量 g_2/g	水质量 g_1-g_2/g	干土质量 g_2-g_0/g	含水率/% 单值	含水率/% 平均值
1	1-1							
	1-2							
2	2-1							
	2-2							
3	3-1							
	3-2							
⋮	⋮							
	⋮							

七、数据记录及分析

含水率按式（2-1）计算：
$$W = (g_1 - g_2)/(g_2 - g_0) \times 100\%　　　　(2-1)$$
式中：W 为含水率（%）；g_0 为铝盒质量（g）；g_1 为铝盒加湿土的质量（g）；g_2 为铝盒加干土的质量（g）。

八、注意事项

1. 天然含水量实验，应在打开土样后立即取样测定，以免水分改变。烘干冷却后应立即称干土质量，以免吸水分，影响实验结果。

2. 烘箱温度以 105～110℃ 为宜，温度过高，土壤有机质易碳化散逸。烘箱中，一般土壤烘干 6h 即可烘至恒重，一般沙土需 1～2h，粉质土需 6～8h，黏土约 10h，风干土及含水量低的土，可适当缩短烘干时间；湿土量较多或块状土，应延长烘样时间；质地较轻的土壤烘干时间可较短，在 5～6h。

3. 若土的有机质含量在 5%～10%，以采用真空干燥箱低温（70～80℃）烘干试样为宜。当有机质含量超过 10% 时，必须采用真空干燥箱。

4. 烘干恒重的标准与试样数量有关，通常前后两次称量之差不大于称样天平的精度即为恒温。

5. 干燥器内的干燥剂（氯化钙或变色硅胶）要经常更换和处理。

6. 本实验必须对两个试样进行平行测定，测定的差值：当含水率小于 40% 时为 1%；当含水率等于或大于 40% 时为 2%。取两个侧值的平均值，以百分数表示。

九、思考题

1. 测定含水率的目的是什么？
2. 土壤吸湿水与自然含水率有什么区别和联系？各应用于哪些方面？
3. 测定含水率常见的方法有哪几种？
4. 土样含水率在工程中有何价值？

实验三 土的相对密度测定

一、实验目的

测定土的天然土粒相对密度，以便为孔隙比、饱和度以及土的其他力学实验（如颗粒分析的比重计法实验、固结实验等）等得到的物理性质指标提供必需的数据。

二、实验原理

根据土粒粒径不同，土的相对密度实验可分别采用比重瓶法、浮称法或虹吸筒法，对于粒径小于 5mm 的土，采用比重瓶法进行。比重瓶法就是由称好质量的干土放入盛满水的比重瓶的前后质量差异来计算土粒的体积，从而进一步计算出土粒的相对密度。

三、实验内容

土壤颗粒与同体积水（4℃）质量的比值称为土壤相对密度。它是指全部土壤颗粒（包括有机质和矿物质）的平均相对密度。因此，相对密度的大小与土壤的矿物组成、有机质含量以及母岩、母质的特性有很大的关系。

四、实验方法

土粒相对密度是土粒质量与同体积 4℃的纯水的质量比值。

五、实验器具

1. **比重瓶** 容积 100mL 或 50mL，分长颈和短颈两种。
2. **恒温水槽** 准确度应为 ±1℃。
3. **沙浴** 应能调节温度。
4. **天平** 称量 200g，最小分度值 0.001g。
5. **温度计** 刻度为 0~50℃，最小分度值 0.5℃。

6. 其他 烘箱、蒸馏水、筛、漏斗、滴管、小毛刷、滤纸等。

六、实验步骤

1. 试样制备 对于有机质含量不超过 5% 的土宜在 100～105℃温度条件下烘干至恒重。若有机质含量超过 5% 的土、含石膏和硫酸盐的土，应将温度控制在 65～70℃的恒温下烘干。

2. 比重瓶的校准 ①将比重瓶洗净、烘干，置于干燥器内，冷却后称量，准确至 0.001g。②将煮沸经冷却的纯水注入比重瓶。对长颈比重瓶注水至刻度处；对短颈比重瓶应注满纯水，塞紧瓶塞，多余水自塞的毛细管中溢出；将比重瓶放入恒温水槽，直至瓶内水温稳定。取出比重瓶，擦干外壁，称瓶、水总质量，准确至 0.001g；测定恒温水槽内水温，准确至 0.5℃。③调节数个恒温水槽内的温度，温度差宜为 5℃，测定不同温度下的瓶、水总质量。每个温度时均应进行两次平行测定，两次平行测定的差值不得大于 0.002g，取两次测定的平均值。绘制温度与瓶、水总质量的关系曲线。

3. 取样称量 取通过 5mm 筛的烘干土样约 15g（如用 50mL 的比重瓶，可取干土约 12g），用玻璃漏斗装入洗净烘干的比重瓶，称瓶与土的质量。

4. 煮沸排气 将蒸馏水注入比重瓶，约至瓶的一半高处，摇动比重瓶，并将比重瓶放在沙浴上煮沸，使土粒分散排气。煮沸时间自悬液沸腾时算起，沙及沙质粉土不少于 30min；黏土及粉质黏土应不少于 1h。煮沸时不要使土液从瓶内溢出。

5. 注水称量 将蒸馏水注入比重瓶至近满，待瓶内悬液温度稳定后及瓶内土悬液澄清时，盖紧瓶塞，使多余的水分从瓶塞的毛细管中溢出，擦干瓶外的水分，称出瓶、水、土总质量。称量后立即测定瓶内水的温度。

6. 查取瓶、水质量 根据测得的温度，从已绘制的温度与瓶、水质量关系曲线（由实验室提供）查取瓶、水质量。

七、数据记录及分析

土粒的相对密度按式（3-1）计算：

$$G_s = \frac{m_d}{m_{bw} + m_d - m_{bws}} G_{iT} \qquad (3-1)$$

式中：G_s 为土壤相对密度（g/cm³）；m_d 为烘干样品重（g）；m_{bw} 为比重瓶、水总质量（g）；m_{bws} 为比重瓶、水、试样总质量（g）；G_{iT} 为温度为 T 时纯水或中性液体的相对密度（g/cm³），水湿及水的相对密度取值见表 3-1。

表 3 - 1　不同温度时水的相对密度（近似值）

水温/℃	4.0~12.5	12.5~19.0	19.0~23.5	23.5~27.5	27.5~30.5	30.5~33.0
水的相对密度	1.000	0.999	0.998	0.997	0.996	0.995

相对密度实验需进行两次平行测定，其平行差不得大于 0.02，取其算术平均值，数据记录于表 3 - 2 中。

表 3 - 2　相对密度实验记录表

土样编号	比重瓶号	温度/℃	液体的相对密度 G_{iT}	瓶质量/g	瓶+土质量/g	土质量/g	瓶+液体质量/g	瓶+液体+土质量/g	与干土同体积的液体质量/g	相对密度	平均相对密度
1											
2											
3											

八、注意事项

1. 称重前比重瓶的水位要加满至瓶塞的毛细管。
2. 煮沸时温度不可过高，否则易造成土液溅出。
3. 风干土样都含有不同数量的水分，需测定土样的风干含水量。
4. 称重时精确至小数点后三位。

九、思考题

1. 在实验操作过程中，为什么要排出比重瓶内土壤和水中的空气？
2. 某一块试样在天然状态下的体积为 60cm³，称得其质量为 108g，将其烘干后称得质量为 96.43g，根据实验得到的土粒相对密度 d_s 为 2.7，试求试样的湿密度、干密度、饱和密度、含水率、孔隙比、孔隙率和饱和度。

实验四 土的颗粒级配的测定

一、实验目的

本实验的目的在于利用三种方法测定不同土壤颗粒组成是否均匀，依次判定不同土壤的级配优劣情况。

二、实验原理

土是由大小不同、形状各异的颗粒组成的集合体，为研究土的颗粒组成，将工程性质相近的颗粒归并为一类，称为粒组。将土按颗粒大小分成不同粒组的过程，称为颗粒分析实验。根据颗粒组成进行分类，可粗略地判定土的透水性、可塑性、收缩及膨胀等物理性质。颗粒大小分析实验的结果是级配曲线。在颗粒级配曲线上，可以找到颗粒含量小于 10%、30%、60% 的粒径分别为 d_{10}、d_{30}、d_{60}。d_{10} 称为有效粒径，对沙性土而言，d_{10} 越小，它的透水性越低；黏性土的 d_{10} 越小，土的可塑性越高，且膨胀性显著。d_{60} 为控制粒径。这三个指标组成粗粒土的级配指标。

不均匀系数按式（4-1）计算：

$$C_u = \frac{d_{60}}{d_{10}} \qquad (4-1)$$

曲率系数按式（4-2）计算：

$$C_c = \frac{d_{30}^2}{d_{10} \times d_{60}} \qquad (4-2)$$

不均匀系数 C_u 越小，级配曲线越陡，表明土颗粒越均匀，反之，说明土颗粒组成越不均匀；曲率系数 C_c 反映土颗粒分布范围。根据工程经验，当 $C_u \leqslant 5$ 时，属级配均匀的土，$C_u > 5$ 时，属级配不均匀的土。当 $C_c = 1 \sim 3$ 时属级配良好，否则，是级配不良的。根据此来判定级配的优劣情况。

三、实验内容

本实验通过不同粒径土壤的颗粒组成测定来反映土壤的级配优劣情况。为了便于理解和学习，对不同方法测定过程及粒径计算等做了详细介绍，具体的实验原理和步骤见实验描述。

四、实验方法

颗粒分析的主要方法如下：

1. 筛析法 适用于粒径 0.075～60mm 的土。

2. 比重计法 适用于粒径小于 0.075mm 的土。

3. 移液管法 适用于粒径小于 0.075mm 的土。

当土中含有粒径大于和小于 0.075mm 的颗粒，各超过 10% 时，应联合筛析法和比重计法或移液管法。

（一）筛析法

1. 实验器具

（1）分析筛。①粗筛，孔径为 60mm、40mm、20mm、10mm、5mm、2mm；②细筛，孔径为 2.0mm、1.0mm、0.5mm、0.25mm 应按下列、0.075mm。

（2）天平。①称量 5 000g，最小分度值 1g；②称量为 1 000g，最小分度值 0.1g；③称量为 200g，最小分度值 0.01g。

（3）振筛机。筛析过程中应能上下振动。

（4）其他。烘箱、研体、瓷盘、毛刷等。

2. 实验步骤

对于粗粒土的筛析法实验，应按下列步骤进行：

（1）称取试样质量，应准确至 0.1g，试样数量超过 500g 时，应准确至 1g。不同土粒粒径取样数量不同，具体参考表 4-1。

表 4-1 筛析法取样数量

土粒粒径 l/mm	$l<2$	$2 \leqslant l<10$	$10 \leqslant l<20$	$20 \leqslant l<40$	$40 \leqslant l<60$
取样数量/g	100～300	300～1 000	1 000～2 000	2 000～4 000	4 000 以上

（2）将试样过 2mm 的筛，称筛上和筛下的试样质量，当筛下的试样质量小于试样总质量的 10% 时，不做细筛分析；筛上的试样质量小于试样总质量的 10% 时，不做粗筛分析。

（3）取筛上的试样，倒入依次叠好的粗筛中，筛下的试样倒入依次叠好的细筛中，进行筛析。细筛宜置于振筛机（图 4-1）上振筛，振筛时间宜为 10～15min。再按由上而下的顺序将各筛取下，称各级筛上及底盘内试样的质量，应准确至 0.1g。

图 4-1 振筛机

（4）筛后各级筛上和筛底上试样质量的总和与筛前试样总质量的差值，不得大于试样总质量的 1%。

对于含有细粒土颗粒的沙土的筛析法实验，步骤为：①称取代表性试样，置于盛水容器中充分搅拌，使试样的粗细颗粒完全分离。②将容器中的试样悬液通过 2mm 筛，取筛上的试样烘至恒量，称烘干试样质量，应准确到 0.1g，并按上述粗粒土的筛析法实验步骤（3）、（4）进行粗筛分析，取筛下的试样悬液，用带橡皮头的研杠研磨，再通过 0.75mm 筛，并将筛上的试样烘至恒量，称烘干试样质量，应准确到 0.1g，然后再按上述步骤（3）、（4）进行细筛分析。③当粒径小于 0.75mm 的试样质量大于试样总质量的 10% 时，则不能采用筛析法，而应采用比重计法或移液管法进行颗粒分析。

3. 数据记录及分析

（1）小于某粒径的试样质量占试样总质量的百分比，应按式（4-3）计算：

$$X = \frac{m_A}{m_B} d_x \qquad (4-3)$$

式中：X 为小于某粒径的试样质量占试样总质量的百分比（%）；m_A 为小于某粒径的试样质量（g）；m_B 为细筛分析时为所取的试样质量，粗筛分析时为试样总质量（g）；d_x 为粒径小于 2mm 的试样质量占试样总质量的百分比（%）。

（2）不均匀系数和曲率系数按式（4-4）、式（4-5）计算：

$$C_u = \frac{d_{60}}{d_{10}} \qquad (4-4)$$

$$C_c = \frac{d_{30}^2}{d_{10} d_{60}} \qquad (4-5)$$

式中：C_u 为不均匀系数；d_{60} 为限制粒径，颗粒大小分布曲线上的某粒径，小于该粒径的土含量占总质量的 60%；d_{10} 为有效粒径，颗粒大小分布曲线上的某粒径，小于该粒径的土含量占总质量的 10%；C_c 为曲率系数；d_{30} 为颗粒大小分布曲线上的某粒径，小于该粒径的土含量占总质量的 30%。

（3）成果整理及绘图。将各筛的筛余量计入表 4-2，并计算出各筛的分计筛余百分率和累计筛余百分率。

表 4-2　成果整理

编号	筛孔尺寸	2.0	1.0	0.5	0.25	0.075	0.025	筛底	损失率/%
1	筛余质量/g								
	分计筛余百分率/%								
	累计筛余百分率/%								
2	筛余质量/g								
	分计筛余百分率/%								
	累计筛余百分率/%								

以小于某粒径的试样质量占试样总质量的百分比为纵坐标，颗粒粒径为横坐标，在单对数坐标上绘制颗粒大小分布曲线（图 4-2）。

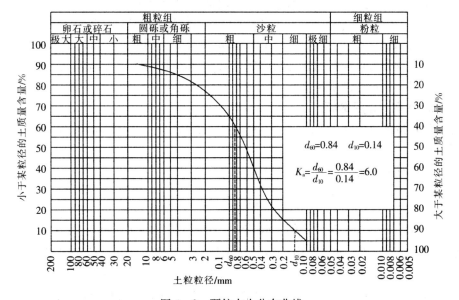

图 4-2　颗粒大小分布曲线

（二）比重计法

比重计法是根据司笃克斯定律测定的。利用土壤比重计通过测量不同深度处悬液的密度和土粒沉降的距离来计算不同粒径所占的百分比。

1. 实验器具

（1）比重计。甲种，刻度为 5～50，分度值为 0.5，刻度值表示在 20℃时 1 000mL 悬液内所含干土质量；乙种，刻度为 0.995～1.020，分度值为 0.002，刻度值表示 20℃时悬液的密度。

（2）量筒。容积 1 000mL，刻度 0～1 000mL，分度值为 10mL。

（3）细筛和洗筛，孔径为 0.075mm。

（4）天平。称量 1 000g，分度值 0.1g；称量 200g，分度值 0.01g。

（5）其他。搅拌器、温度计、煮沸设备、秒表、锥形瓶等。

2. 实验步骤

（1）取相当于 30g 干土质量的风干土或天然湿度的土倒入三角烧瓶，加纯水约 200mL，浸泡 12h，然后置于煮沸设备上煮沸 40min。

（2）将煮沸冷却的悬液过 0.075mm 洗筛。取筛上试样烘干、称量，进行细筛分析，并计算各级颗粒占试样总质量的百分比；将筛下悬液全部倒入量筒，加入 4% 六偏磷酸钠 10mL，再加入纯水至 1 000mL。

（3）用搅拌器在悬液中上下搅拌 1min，取出搅拌器，立即开动秒表，将比重计放入悬液中，测计 0.5min、1min、5min、30min、120min、1 440min 时的比重计读数，同时测定每次读数时的悬液温度。比重计读数以悬液面上缘为准，甲种比重计准确至 0.5，乙种比重计准确至 0.000 2。

3. 数据记录及分析

（1）按式（4-6）或式（4-7）计算小于某粒径试样质量占试样总质量的百分比。

①甲种比重计。

$$X = \frac{100}{m_4} \times C_s \times (R \times m_r + n - C_D) \qquad (4-6)$$

式中：X 为小于某粒径的实验质量百分比（%），计算至 0.1%；m_4 为试样干质量（g）；C_s 为颗粒相对密度校正值（可从相关土工实验堆积中查得，见表 4-3）；m_r 为悬液温度校正值（可从相关土工实验堆积中查得，见表 4-4）；C_D 为分散剂校正值；n 为弯液面校正值；R 为甲种比重计读数。

②乙种比重计。

$$X = \frac{100 V_x}{m_d} C'_s [(R'-1) + m'_T + n' - C'_D] \rho_{w20} \qquad (4-7)$$

式中：V_x 为悬液体积（1 000mL）；m_d 为试样干质量（g）；C'_s 为土粒相对密度校正值（可从相关土工实验规程中查得，见表4-3）；m'_T 为悬液温度校正值（可从相关土工实验规程中查得，见表4-4）；C'_D 为分散剂校正值；n' 为弯液面校正值；R' 为乙种比重计读数；ρ_{w20} 为 20℃纯水的密度（0.998 232g/cm³）。

表4-3　土粒相对密度校正值

土粒相对密度	相对密度校正值	
	甲种比重计	乙种比重计
2.50	1.038	1.666
2.52	1.032	1.658
2.54	1.027	1.649
2.56	1.022	1.641
2.58	1.017	1.632
2.60	1.012	1.625
2.62	1.007	1.617
2.64	1.002	1.609
2.66	0.998	1.603
2.68	0.993	1.595
2.70	0.989	1.588
2.72	0.985	1.581
2.74	0.981	1.575
2.76	0.977	1.568
2.78	0.973	1.562
2.80	0.969	1.556
2.82	0.965	1.549
2.84	0.961	1.543
2.86	0.958	1.538
2.88	0.954	1.532

（2）按式（4-8）计算试样颗粒粒径：

$$d = \sqrt{\frac{18 \times 10^4 \times \eta \times L}{\left(\dfrac{\rho_s - \rho_{wT}}{\rho_{wT}}\right) \times 9.81 \times t}} = k\sqrt{\frac{L}{t}} \qquad (4-8)$$

式中：d 为土粒粒径（mm），计算至 0.001mm；η 为水的动力学黏度

$(10^{-6}$ kPa $\cdot$ s$)$；ρ_s 为颗粒密度（g/cm³）；ρ_{wT} 温度为 T 时的水密度（g/cm³）；L 为某一时间内土粒沉降距离（cm）；t 为沉降时间（s）。

表 4-4　温度校正值

悬液温度/℃	甲种比重计温度校正值 T	乙种比重计温度校正值 T	悬液温度/℃	甲种比重计温度校正值 T	乙种比重计温度校正值 T
10.0	−2.0	−0.001 2	18.0	−0.5	−0.003
10.5	−1.9	−0.001 2	18.5	−0.4	−0.003
11.0	−1.9	−0.001 2	19.0	−0.3	−0.002
11.5	−1.8	−0.001 1	19.5	−0.1	−0.001
12.0	−1.8	−0.001 1	20.0	0.0	0.000 0
12.5	−1.7	−0.001 0	20.5	+0.1	+0.000 1
13.0	−1.6	−0.001 0	21.0	+0.3	+0.000 2
13.5	−1.5	−0.000 9	21.5	+0.5	+0.000 3
14.0	−1.4	−0.000 9	22.0	+0.6	+0.000 4
14.5	−1.3	−0.000 8	22.5	+0.8	+0.000 5
15.0	−1.2	−0.000 8	23.0	+0.9	+0.000 6
15.5	−1.1	−0.000 7	23.5	+1.1	+0.000 7
16.0	−1.0	−0.000 6	24.0	+1.3	+0.000 8
16.5	−0.9	−0.000 6	24.5	+1.5	+0.000 9
17.0	−0.8	−0.000 5	25.0	+1.7	+0.001 0
17.5	−0.7	−0.000 4	25.5	+1.9	+0.001 1
26.0	+2.1	+0.001 3	28.5	+3.1	+0.001 9
26.5	+2.2	+0.001 4	29.0	+3.3	+0.002 1
27.0	+2.5	+0.001 5	29.5	+3.5	+0.002 2
27.5	+2.6	+0.001 6	30.0	+3.7	+0.002 3
28.0	+2.9	+0.001 8			

（3）颗粒大小分布曲线，应按本实验比重计法的步骤绘制，当比重计法和筛析法联合分析时，应将试样总质量折算后绘制颗粒大小分布曲线；并应将两段曲线连成一条平滑的曲线。

（三）移液管法

移液管法也是根据司笃克定律的原理计算出某种粒径的颗粒自液面下沉到一定深度所需的时间，在此预计的时间内用移液管自该深度处取出固定体积的悬液。烘干悬液中水分，然后称干土质量，从而可计算出该粒径土粒的百分比。

1. 实验器具

（1）移液管　容积 25mL，如图 4-3 所示。

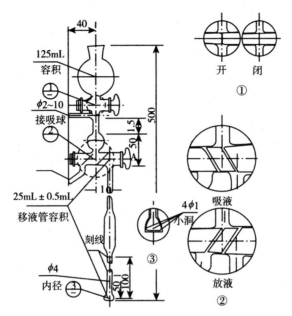

图 4-3　移液管装置（单位：mm）（肖艳华，2003）

（2）烧杯　容积 50mL。

（3）天平　称量 200g，分度值 0.001g。

（4）其他　与比重计法相同。

2. 实验步骤

（1）取代表性试样，黏土 10～15g（沙土 20g），准确至 0.001g，并按本实验比重计法的步骤制备悬液。

（2）将装置悬液的量筒置于恒温水槽中，测记悬液温度，准确至 0.5℃，实验过程中悬液温度变化范围为 ±0.5℃。并按本实验中的比重计法分别计算粒径小于 0.05mm、0.01mm、0.005mm、0.002mm 和其他所需粒径下沉一定深度所需的静置时间，见表 4-5。

（3）用搅拌器沿悬液深度上、下搅拌 1min，取出搅拌器，开动秒表，将移液管的二通阀置于关闭位置，三通阀置于移液管和吸球相通的位置，根据各粒径所需的静置时间，提前 10s 将移液管放入悬液，浸入深度为 10cm，用吸球吸取悬液。吸取量应不少于 25mL。

（4）旋转三通阀，使吸球与放液口相通，将多余的悬液从放液口流出，收

表 4-5　土粒在不同温度静水中沉降时间

土粒比重	土粒直径/mm	沉降距离(取样深度)/cm	10℃			12.5℃			15℃			17.5℃			20℃			22.5℃			25℃			27.5℃			30℃			32.5℃			35℃		
			h	min	s	h	min	s	h	min	s	h	min	s	h	min	s	h	min	s	h	min	s	h	min	s	h	min	s	h	min	s	h	min	s
2.60	0.050	25.0		2	29		2	19		2	10		2	02		1	55		1	49		1	43		1	37		1	32		1	27		1	23
	0.050	12.5		1	14		1	09		1	05		1	01			58			54			51			48			46			44			41
	0.010	10.0		24	52		23	12		21	45		20	24		19	14		18	06		17	06		16	09		14	50		14	06		13	49
	0.005	10.0	1	39	26	1	32	48	1	26	59	1	21	37	1	16	55	1	12	24	1	08	25	1	04	14	1	01	10		58	23		55	16
2.65	0.050	25.0		2	25		2	15		2	06		1	59		1	52		1	45		1	40		1	34		1	29		1	25		1	20
	0.050	12.5		1	12		1	07		1	03			59			56			53			50			47			44			42			40
	0.010	10.0		24	07		22	30		21	05		19	47		18	39		17	33		16	35		15	39		14	23		13	40		13	24
	0.005	10.0	1	36	27	1	29	59	1	24	21	1	19	08	1	14	34	1	10	12	1	06	21	1	02	38		59	19		56	24		53	34
2.70	0.050	25.0		2	20		2	11		2	03		1	55		1	49		1	42		1	36		1	31		1	26		1	22		1	18
	0.050	12.5		1	10		1	05		1	01			58			54			51			48			46			43			41			39
	0.010	10.0		23	24		21	50		20	28		19	13		18	06		17	02		16	06		15	12		13	59		13	14		13	00
	0.005	10.0	1	33	38	1	27	21	1	21	54	1	16	50	1	12	24	1	08	10	1	04	24	1	00	47		57	34		54	44		52	00
2.75	0.050	25.0		2	16		2	07		1	59		1	52		1	45		1	39		1	34		1	28		1	24		1	21		1	16
	0.050	12.5		1	08		1	04		1	00			56			53			50			47			44			42			40			38
	0.010	10.0		22	44		21	13		19	53		18	40		17	35		16	33		15	38		14	46		13	35		12	55		12	37
	0.005	10.0	1	30	55	1	24	52	1	19	53	1	14	38	1	10	19	1	06	13	1	02	34		59	04		55	56		53	48		50	31
2.80	0.050	25.0		2	13		2	04		1	56		1	49		1	42		1	36		1	31		1	26		1	21		1	17		1	14
	0.050	12.5		1	06		1	02			58			54			51			48			46			43			41			39			37
	0.010	10.0		22	06		20	38		19	20		18	09		17	05		16	06		15	12		14	21		13	21		12	42		12	17
	0.005	10.0	1	28	25	1	22	30	1	17	20	1	12	33	1	08	22	1	04	22	1	00	50		57	25		54	21		51	42		49	07

注：也可以固定相同的沉降距离计算出相应的沉降时间。

集后倒入原悬液中。

（5）将移液管下口放入烧杯内，旋转三通阀，使吸球与移液管相通，用吸球将悬液挤入烧杯中，从上口倒入少量纯水，旋转二通阀，使上、下口连通，水则通过移液管将悬液吸入烧杯。

（6）将烧杯内的悬液蒸干，在 105～110℃ 温度下烘至恒量，称烧杯内试样质量，准确至 0.001g。

（7）颗粒大小分布曲线，应按本实验比重计法的步骤绘制，当移液管计法和筛析法联合分析时，应将试样总质量折算后绘制颗粒大小分布曲线；并应将两段曲线连成一条平滑的曲线，见图 4-2。

3. 数据记录及分析

（1）按式（4-9）计算小于某粒径的试样质量占总质量的百分比 X：

$$X = \frac{m_x \times V_x}{V \times m_d} \times 100\% \qquad (4-9)$$

式中：V_x 为悬液总体积（1 000mL）；V 为吸取的悬液体积（25mL）；m_x 为吸取 25mL 悬液中试样干质量（g）；m_d 为试样干质量（g）。

（2）绘制颗粒级配曲线的方法与筛析法相同。

五、注意事项

1. 由于一次取样量很少，不管是黏土、壤土还是沙土，取样时都需要充分混匀，非常仔细地取样，以减少取样误差。

2. 注意每种方法的使用前提，不同粒径的土壤应该采用相对合适的方法。

3. 不管是利用公式计算结果还是最后绘制颗粒级配曲线，都应认真、精确地做，保留合适的有效小数。

六、思考题

1. 通过实验结果认真对土样做出级配优劣的评价。
2. 分析比较三种方法的优劣。
3. 分别简述三种方法在进行土样采集时需注意的一些问题。
4. 思考颗粒分析实验曲线在生活中的主要用途。

实验五 粗粒土的休止角测定

一、实验目的

休止角指在重力场中，粒子在粉体堆积层的自由斜面上滑动时所受重力和粒子之间摩擦力达到平衡而处于静止状态下测得的最大角。

维持坡面物质稳定的力，主要由四个方面组成：一是组成坡面物质的休止角；二是坡面物质间的摩擦阻力；三是坡面物质之间的黏结力；四是穿插在土体中植物根系的固结作用力。本实验目的就是在不考虑后三种作用力的情况下，探讨组成坡面物质的休止角与坡面稳定之间的相关关系。

二、实验原理

沙粒的休止角大小受以下三方面影响：

1. 随其水分含量的变化而发生变化，水分含量升高时，其休止角变小，二者呈现负相关关系。

2. 沙粒的休止角受粒径大小的影响，其他条件相同时，沙粒的休止角与其粒径呈正相关关系。

3. 沙粒的休止角受沙粒形状的影响，其磨圆度较好时，沙粒的休止角较小，反之则较大，即沙粒的休止角与其磨圆度呈负相关关系。

当组成坡面物质的休止角大于或等于坡面坡度角时，无论坡面有多长，坡面都处于稳定状态而不会发生重力侵蚀，一般情况下不同泥沙石块的休止角如表 5-1 和表 5-2 所示。

表 5-1　几种岩石碎块的休止角（°）

岩屑堆的成分	最小	最大	平均
砂岩、页岩（角砾、碎石、混有块石的亚沙土）	25	42	35
砂岩（块石、碎石、角砾）	26	40	32
砂岩（块石、碎石）	27	39	33
页岩（角砾、碎石、亚沙土）	36	43	38
石灰岩（碎石、亚沙土）	27	45	34

表 5-2　几种含水量不同泥沙的休止角（°）

泥沙种类	干	很湿	水分饱和
泥	40	25	15
松软沙质黏土	40	27	20
洁净的细沙	40	27	22
紧密的细沙	45	30	25
紧密的中粒沙	45	33	27
松散的细沙	37	30	22
松散的中粒沙	37	33	25
砾石土	37	33	27

三、实验内容

本实验通过确定不同粒径沙粒的休止角来反映坡面组成的稳定性，为了便于理解和学习，文中对坡面物质稳定的力和影响沙粒休止角大小的因素等做了详细介绍，具体的实验原理和步骤见实验描述。

四、实验方法

注入法：微粒物料由漏斗流出落于平面上形成圆锥体，锥底角即为休止角。

五、实验器具

1. 厚度为 3.0～5.0mm、面积为 50cm×50cm 的平板玻璃。
2. 分析化学用普通滴定试管架。
3. 玻璃漏斗。
4. 500mL 量筒。
5. 1 000mL 烧杯。
6. 2.0m 钢卷尺。
7. 记录纸、铅笔和计算器等。

六、实验步骤

1. 将从野外采取的沙粒用手工拣去石块，用标准土壤筛筛选得到一定粒径范围的分级沙粒，粒径组分别为 1.00～2.00mm、0.50～1.00mm、0.25～0.50mm、0.10～0.25mm 和 0.074～0.10mm，筛分后每个粒径组的泥沙质量至少为 5.0 kg。

2. 将筛分后的沙粒用清水洗掉黏附在沙粒表面的黏土，以消除实验中黏土导致的黏结力。

3. 将洗净的不同粒径的沙粒分别放于干燥地表风干，收于小桶内备用。

4. 将平板玻璃水平放于实验台上，滴定试管架安放于平板玻璃一侧，将漏斗置于试管架，如图 5-1 所示。

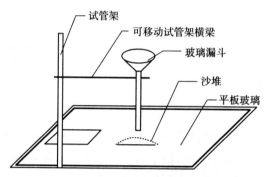

图 5-1 沙粒休止角测定装置示意

5. 从安置好的漏斗上部，将备好的一个粒径范围的风干沙粒徐徐放下，同时进行观察，就会发现平板玻璃上的沙堆角度不断发生变化，即沙堆的半径和高度的变化不是成比例的。

在从漏斗上部不断补充沙粒的时候，应随时将安置漏斗的试管架横梁逐渐上移，以保持漏斗下部与沙堆顶部距离始终不小于 1.0cm 左右。

6. 边逐渐上移试管架横梁，边继续向漏斗内加注沙粒，直至沙堆的半径与高度比值不再发生变化，即沙堆的坡度不再发生改变为止，此时观测到的沙堆角度即为采用一定粒径沙粒风干时的休止角。

7. 观测到风干沙粒的休止角后，从漏斗上部徐徐滴入清水，就会发现原沙堆的高度逐渐降低，而其直径在不断增大，即沙堆的坡面角度在逐渐减小。徐徐滴水并随时记录沙粒含水率与沙堆坡面角度的变化过程。

8. 继续滴水直至有水流从沙堆底部渗出，即沙堆水分含量近于饱和状态，此时沙堆的休止角即为水分饱和时的休止角。

七、数据记录及分析

1. 列表计算风干沙粒数量与沙堆坡面角度的变化过程，直至测定计算到风干沙的休止角。

2. 列表计算沙堆水分含量与不同水分含量时的休止角变化过程，直至沙堆水分达到饱和。

八、注意事项

1. 在实际操作过程中，应该为准静态堆积形成的休止角，加入物料的速度应该非常缓慢。因为冲击法测定休止角，冲击高度和休止角测定数值之间具有依赖关系。有研究表明，在一定的冲击高度下，角度测定数值与冲击高度基本符合线性关系。

2. 将实验过程中观测到的现象进行描写，并分析得到特定粒径沙粒不同含水率时的休止角，并给出具体的实验报告。

九、思考题

1. 分析固定漏斗法测定引起休止角的系统偏差的原因。

2. 沙粒休止角的大小具体与哪些因素有关？是呈正相关还是负相关？

3. 我们在生活中堆放物料时应注意些什么问题？

实验六　土的界限含水率测定

土的界限含水率测定有多种方法，下面主要介绍测定土的界限含水率的五种常用方法，即液限、塑限联合测定法，碟式仪测液限实验法，圆锥测液限实验法，滚搓测塑限实验法，收缩皿测塑限实验法。

一、液限、塑限联合测定法

（一）实验目的

通过测定土壤的液限 ω_L、塑限 ω_p，计算出塑性指数 I_p、液性指数 I_L，来评价黏性土地基的容许承受力并划分土类，供设计、施工使用。

（二）实验原理

液限、塑限联合测定法是根据圆锥仪的入土深度与其相对应的含水率在双对数坐标上的线性关系的特性来测定土壤的液限、塑限。利用液限、塑限联合测定仪测得土在不同含水率时的圆锥入土深度，并绘制出直线关系曲线，在曲线上查得圆锥下沉深度为 17mm 时所对应的含水率即为液限，圆锥下沉深度为 2mm 时所对应的含水率即为塑限。

（三）实验内容

当细粒土的含水率不同时，会处于流动状态、可塑状态、半固体状态和固体状态，如图 6-1 所示。液限是细粒土呈可塑状态的上限含水率，即土从可塑状态过渡到流动状态的界限含水率。塑限是细粒土呈可塑状态的下限含水率，即土从可塑状态过渡到半固体状态的界限含水率。测定土壤的液限、塑限含水率并计算土壤的塑性指数、液性指数，可用来划分土的工程类别，确定土的状态。

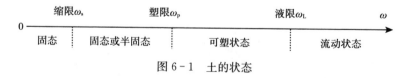

图 6-1　土的状态

(四) 实验方法

该实验方法适用于粒径小于 0.5mm 且有机质含量不大于土样总质量 5％ 的土壤。

1. 用烘干法计算土壤的含水率　将土样在 105～110℃ 下烘至恒量，失去的水的质量与干土质量的比值，即为土壤的含水率，用百分比表示，按式 (6-1) 计算：

$$\omega = \frac{m_\omega}{m_s} \times 100\% = \frac{m_1 - m_2}{m_2 - m_0} \times 100\% \qquad (6-1)$$

式中：ω 为含水率（％）；m_ω 为土样中水质量（g）；m_s 为干土质量（g）；m_0 为盒质量（g）；m_1 为盒与湿土的总质量（g）；m_2 为盒与干土的总质量（g）；$m_1 - m_2$ 为土样中水的质量（g）；$m_2 - m_0$ 为干土质量（g）。

2. 利用液限、塑限联合测定仪测定　土样在三种不同含水率时的圆锥入土深度，以含水率 ω 为横坐标，圆锥下沉深度 h 为纵坐标，在双对数坐标上绘制 $h - \omega$ 的关系直线。在直线上查得圆锥入土深度为 17mm［《土工实验方法标准》(GB/T 50123—1999)］或 10mm（建筑地基基础设计规范）处相应的含水率为液限，入土深度为 2mm 处的相应含水率为塑限。三点连成一条直线，如图 6-2 所示的 A 线所示，当三点不在一条直线上时，可通过高含水率的一点与另外两点连成两条直线，查得圆锥下沉深度为 2mm 处时的相应含水率。当两个含水率的差值≥2％时，应该补点或重做实验；当两个含水率的差值＜2％时，

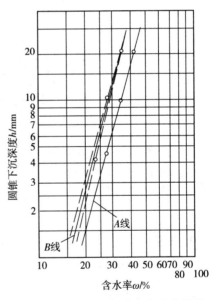

图 6-2　圆锥入土深度与含水率关系

求得两个含水率的平均值并与高含水率的点连成一条直线，如图 6-2 中的 B 线。

3. 塑性指数计算　按式 (6-2) 计算：

$$I_p = \omega_L - \omega_p \qquad (6-2)$$

式中：I_p 为塑性指数，精确至 0.1；ω_L 为液限（％）；ω_p 为塑限（％）。

4. 液性指数计算　按式 (6-3) 计算：

$$I_L = \frac{\omega_0 - \omega_p}{I_p} \qquad (6-3)$$

式中：I_L 为液性指数，精确至 0.01；ω_0 为天然含水率（％）；ω_p 为塑限（％）；I_p 为塑性指数，精确至 0.1。

（五）实验器具

1. 光电式液限、塑限联合测定仪　有电磁吸锥，测读装置，升降支座，质量为 76g、锥角为 30°的圆锥，试样杯等（图 6-3）。

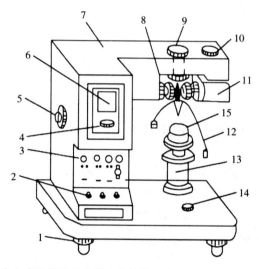

图 6-3　光电式液塑限联合测定仪结构（南京水利科学研究院，1999）

1. 水平调节螺丝　2. 控制开关　3. 指示灯　4. 零线调节螺钉　5. 反光镜调节螺钉　6. 屏幕
7. 机壳　8. 物镜调节螺钉　9. 电池装置　10. 光源调节螺钉　11. 光源装置　12. 圆锥仪
13. 升降台　14. 水平泡　15. 盛土杯

2. 天平　称量 200g，分度值 0.01g。

3. 其他　标准筛、调土刀、不锈钢杯、凡士林、铝盒、烘箱、干燥皿等。

（六）实验步骤

1. 土样制备　取代表性风干土样通过 0.5mm 标准筛，称取土样约 200g，分成 3 份，分别放入不锈钢杯，按下沉深度 4～5mm、9～11mm、15～17mm 范围加入不等量的水，制备不同稠度的土样，静置湿润；实验也可以采用天然含水率土样进行，将代表性土样通过 0.5mm 标准筛，然后按下沉深度 4～5mm、9～11mm、15～17mm 制备不同稠度的土样，静置湿润 24h。

2. 装土入杯　将制备好的土样用调土刀搅拌均匀，倒入试样杯，确保土样密实，高出试样杯口的余土。用调土刀刮平，然后将试样杯放在液限、塑限联合测定仪的升降座上。

3. 接通电源 在圆锥仪锥尖上涂抹一薄层凡士林，接通电源，按下"开"按钮，使电磁铁吸住圆锥。

4. 测读深度 调整升降座，使锥尖刚好与土样面相接触，按下"放"按钮，圆锥仪下沉入土样，经5s后自动发出声响时，测读圆锥的下沉深度。

5. 测含水率 取出试样杯，除去锥尖处含有凡士林的土样，取锥体附近的试样不少于10g，放入称量过的铝盒，称得质量 m_1，并记下盒号。

6. 烘干 将装有土样称量过的铝盒，放入烘箱，在105～110℃的温度下烘至恒量，取出铝盒，放入干燥皿内冷却，称得干土的质量 m_2。重复以上步骤，测定另外两种含水率土样的圆锥入土深度和含水率。

（七）数据记录及分析

在表6-1中记录实验数据并进行分析。

表6-1 实验数据记录

土样编号	圆锥下沉深度/mm	盒号	盒质量/g	盒+湿土总质量/g	盒+干土总质量/g	水质量/g	干土质量/g	含水率/%	液限/%	塑限/%	液性指数	塑性指数	土的分类
1													
2													
3													

（八）注意事项

1. 土样倒入试样杯时，土中不能留有空隙。

2. 对于含水率接近塑限（即圆锥入土深度稍大于2mm）的土样，由于其含水率较低，用调土刀不易调拌均匀，须用手反复将土样揉捏均匀，才能保证结果的正确性。

3. 每种含水率土样应该设三个重复实验，取平均值作为该种含水率所对应土的圆锥入土深度，如三点下沉深度相差太大，则应该重新调试土样进行实验。

（九）思考题

1. 土壤液限、塑限联合测定实验的目的是什么？

2. 根据实验的结果对土壤状态进行分类。

二、碟式仪测液限实验法

（一）实验目的

通过测定土壤的液限 ω_L 来评价黏性土地基的容许承受力并划分土类，供设计、施工使用。

（二）实验原理

碟式仪测液限实验法是根据碟式仪的铜碟击次与其相对应的含水率在单对数坐标上的关系的特性来测定土壤的液限。利用碟式仪测液限实验法测得土在不同含水率时的铜碟击次，并绘制出关系曲线，在曲线上查得铜碟击次为 25 时所对应得含水率即为液限。

（三）实验内容

当细粒土的含水率不同时，会处于流动状态、可塑状态、半固体状态和固体状态。液限是细粒土呈可塑状态的上限含水率，即土从可塑状态过渡到流动状态的界限含水率。测定土壤的液限，可用来划分土的工程类别，确定土的状态。

（四）实验方法

本实验方法适用于粒径小于 0.5mm 的土壤。

各击次下土样的含水量按式（6-4）计算，精确到 0.001。

$$w_N = \left(\frac{m_N}{m_d} - 1\right) \times 100\% \qquad (6-4)$$

式中：w_N 为 N 击下土样的含水率（%）；m_N 为 N 击下土样的质量（g）；m_d 为干土的质量（g）。

（五）实验器具

1. 碟式液限仪　由铜碟、支架及底座组成，底座应为硬橡胶制成。

2. 开槽器　带量规，具有一定形状和尺寸。

3. 其他　标准筛、调土刀、不锈钢杯、铝盒、烘箱、蒸馏水等。

（六）实验步骤

1. 碟式仪校准　调松调整板的定位螺钉，用开槽器上的量规垫在铜碟与底座之间，用调整螺钉将铜碟提升高度到 10mm。保持量规位置不变，迅速转动摇柄以检验调整是否正确，当蜗形轮碰击从动器时，铜碟不动，并能听到轻微的声音，表明调整正确。然后拧紧定位螺钉，固定调整板。

2. 土样制备　取代表性风干土样通过 0.5mm 标准筛，称取土样约 200g，分成 3 份，分别放入不锈钢杯，按下沉深度 4～5mm、9～11mm、15～17mm 范围加入不等量的水，制备不同稠度的土样，静置湿润 24h。

3. 装土　将制备好的土样充分搅拌均匀，铺于铜碟前半部，用调土刀将铜碟前沿土样刮成水平，使土样中心厚度为 10mm，用开槽器经蜗形轮的中心沿铜碟直径将试样划开，形成 V 形槽。

4. 测定含水率　以 2r/s 的速度转动摇柄，使铜碟反复起落，坠落在底座上，直至槽底两边土样的合拢长度为 13mm 时，记录铜碟击数，然后在槽的两边取不少于 10g 土样，放入铝盒称其质量，根据实验方法中公式计算其含水率。重复以上步骤，测定另外两种含水率土样的合拢长度为 13mm 时的铜碟击数及相应的含水率。

5. 测定液限　以铜碟击次为横坐标，含水率为纵坐标，在单对数坐标纸上绘制铜碟击次与含水率的曲线关系，曲线上铜碟击次为 25 所对应的整数含水率为土样的液限。

（七）数据记录及分析

在表 6-2 中记录实验数据并进行分析。

表 6-2　实验数据记录

不同含水率	土样编号	铜碟击数	盒号	N 击下土质量/g	干土质量/g	含水率/%	液限/%
	1-1						
1	1-2						
	1-3						
	2-1						
2	2-2						
	2-3						
	3-1						
3	3-2						
	3-3						
	4-1						
4	4-2						
	4-3						
	5-1						
5	5-2						
	5-3						

（八）注意事项

1. 每种含水率土样应该设三个重复实验取平均值，如三个重复实验结果相差太大，则应该重新调试土样进行实验。

2. 铜碟起落坠落在底座时，槽底土样合拢所需要的击数宜控制在 15～35 击。

（九）思考题

1. 测定土壤液限的目的是什么？
2. 为什么每种含水率土样应该设三个重复实验？有何意义？

三、圆锥测液限实验法

（一）实验目的

通过测定土壤的液限 ω_L，来评价黏性土地基的容许承受力并划分土类，供设计、施工使用。

（二）实验原理

利用圆锥测液限实验法测得圆锥体下沉深度 10mm 时所对应的土样含水率即为液限。

（三）实验内容

当细粒土的含水率不同时，会处于流动状态、可塑状态、半固体状态和固体状态。液限是细粒土呈可塑状态的上限含水率，即土从可塑状态过渡到流动状态的界限含水率。如表 6-3 所示，测定土壤的液限，可用来划分土的工程类别，确定土的状态。

表 6-3　根据液性指数确定土的状态

状态	坚硬	硬塑	可塑	软塑	流塑
液性指数	$I_L \leqslant 0$	$0 < I_L \leqslant 0.25$	$0.25 < I_L \leqslant 0.75$	$0.75 < I_L \leqslant 1$	$I_L > 1$

（四）实验方法

本实验方法适用于粒径小于 0.5mm、有机质含量小于 5% 的土壤。

用烘干法计算土壤的含水率。将土样在 105～110℃ 下烘至恒量，失去的水的质量与干土质量的比值即为土壤的含水率，用百分比表示见式（6-1）。

（五）实验器具

1. 圆锥式液限仪　锥质量为 76g，锥角为 30°，距锥尖 10mm 处有环状刻度。

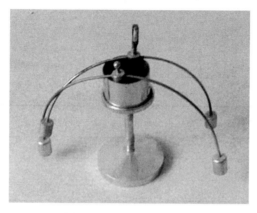

图 6-4　锥式液限测定仪

2. 天平　称量 200g，分度值为 0.01g。

3. 其他　标准筛、调土刀、不锈钢杯、铝盒、烘箱、凡士林、干燥器、蒸馏水等。

（六）实验步骤

1. 土样制备　取具有代表性的天然含水率的土样约 180g，加蒸馏水调成均匀土膏。当土样中含有粒径大于 0.5mm 的土粒和杂物时，应将土膏过 0.5mm 筛；如果用具有代表性的风干土样，取土样 150g 研磨后过 0.5mm 的筛，再加蒸馏水调成均匀土膏。然后用玻璃板覆盖或放在盛水的干湿器中静置 24h，天然含水率土样的静置时间可根据其原含水率的大小而定。

2. 装样放锥　将调好的土样分层填入试样杯，使内部均匀填实，齐杯口刮平土样。将试样杯放在支座上，在锥尖涂一薄层凡士林，提住锥体上端手柄使平衡锥放在土样表面中部至锥尖与土样表面接触，然后松开手指，使锥体自重下沉入土中。

3. 观察试锥　当锥体约经 5s 后沉入深度恰好 10mm，则表示土样此时的含水量为液限。若沉入深度小于 10mm，表示土样含水量小于液限，应将杯内土样取出，剔除沾有凡士林的土后，在土样中加少量蒸馏水，重新搅拌，重复以上步骤。若 5s 内下沉深度大于 10mm，表示含水量已超过液限，则应取出土样继续搅拌，使多余水分蒸发后，再进行实验，直至刚好下沉 10mm。

4. 测定含水量 将锥体取出，用调土刀挖去黏有油脂的土，取锥孔附近土样 15g 左右，按实验方法中含水率测定方法立即测定其含水率，重复以上实验步骤做 3 组平行实验，求得 3 组土样含水率的平均值，即为土壤液限。三次平行实验测值的差值，当液限小于 40% 时，不得大于 1%；当液限大于或等于 40% 时，不得大于 2%。

（七）数据记录及分析

在表 6-4 中记录实验数据并进行分析。

表 6-4　实验数据记录

土样编号	盒号	盒质量/g	盒+湿土质量/g	盒+干土质量/g	含水率/%	液限/%
1						
2						
3						

（八）注意事项

1. 在实验过程中，调整含水量的方法可用晾干、吹风机吹干、调土刀搅拌以及用手搓揉，使其水分蒸发，绝不可添加干土或用烈火烘烤。

2. 圆锥仪在使用中应特别注意保护锥尖。

3. 原则上应采用天然含水率的土样制备试样，若土样相当干燥时，允许用风干土进行测定。

（九）思考题

1. 圆锥法测液限实验为什么最好使用天然含水率的土样进行测定？

2. 圆锥入土深度的测读标准是什么？

四、滚搓测塑限实验法

（一）实验目的

通过测定土壤的塑限 ω_p，来评价黏性土地基的容许承受力并划分土类，供设计、施工使用。

（二）实验原理

利用滚搓测塑限实验法测得土条直径搓成 3mm 并产生多条裂缝时所对应

的土样含水率即为液限。

（三）实验内容

当细粒土的含水率不同时，会处于流动状态、可塑状态、半固体状态和固体状态。塑限是细粒土呈可塑状态的下限含水率，即土从可塑状态过渡到半固体状态的界限含水率。测定土壤的塑限，可用来划分土的工程类别，确定土的状态。

（四）实验方法

本实验方法适用于粒径小于 0.5mm 的土壤。

用烘干法计算土壤的含水率。将土样在 105～110℃ 下烘至恒量，失去的水的质量与干土质量的比值，即为土壤的含水率，用百分比表示，见式（6-1）。

（五）实验器具

1. 毛玻璃板　尺寸宜为 200mm×300mm。

2. 卡尺　分度值为 0.02mm。

3. 其他　标准筛、不锈钢杯、毛玻璃板、铝盒、烘箱、干燥器、蒸馏水等。

（六）实验步骤

1. 制备土样　取代表性风干土样 3 份各 100g，过 0.5mm 标准筛，然后放在不锈钢杯中加蒸馏水拌匀，湿润静置 24h。

2. 揉捏土样　将制备好的土样在手中揉捏至不黏手，或用吹风机稍微吹干，然后将土样捏扁，当出现裂缝时，表示其含水率接近塑限。

3. 手掌搓条　取接近塑限含水率的土样 8～10g，用手搓成椭圆形，然后用手掌在毛玻璃上滚搓，滚搓时手掌的压力要均匀地施加在土条上，不得使土条无力滚动，不得有空心现象，土条长度不宜大于手掌宽度。当土条直径搓成 3mm 时产生多处裂缝并开始断裂时，表示该土样的含水率达到塑限含水率；当土条直径搓成 3mm 时不产生裂缝，则表示土样含水量高于塑限含水量，应将土条揉捏、搓滚，直至土条直径为 3mm 时产生裂缝并开始断裂。当土条直径大于 3mm 时开始出现裂缝断裂，则表示土样的含水率低于塑限，则应丢弃，重新取较湿润的土样进行搓滚。

4. 测定含水率　取 3 份直径 3mm 有多处裂缝的土条 3～5g，按实验方法中含水率测定方法立即测定其含水率，求得 3 份土样含水率的平均值，即为土样塑限。

(七) 数据记录及分析

在表 6-5 中记录实验数据并进行分析。

表 6-5　实验数据记录

土样编号	盒号	盒质量/g	湿土质量/g	干土质量/g	含水率/%	塑限/%
1						
2						
3						

(八) 注意事项

1. 搓土条时必须用力均匀,用手掌轻压,不得做无压滚动,应防止土条产生中空现象,搓滚前土团必须经过充分的揉搓。

2. 土条需在多处同时产生裂纹才达到塑限,如仅有一条裂纹,可能是用力不均所致,产生的裂纹必须呈螺纹状。

3. 高塑性黏土的土条搓到 3mm 时,可能会无裂缝或断裂现象,但毛玻璃上已无湿痕,可认为其含水量已达到塑限。

(九) 思考题

1. 对于一些塑性指数小于 10 的轻亚黏土,反复滚搓后土条偶尔有一处断裂能否认为达到塑限?为什么?

2. 搓土条时的注意事项有哪些?

五、收缩皿测塑限实验法

(一) 实验目的

通过测定土壤的塑限 ω_p ,来评价黏性土地基的容许承受力并划分土类,供设计、施工使用。

(二) 实验原理

利用收缩皿测塑限实验法测得土样在收缩皿中烘干前后的体积、质量变化,并根据土样制备前的含水率,用土的塑限公式求得土样的液限值。

（三）实验内容

当细粒土的含水率不同时，会处于流动状态、可塑状态、半固体状态和固体状态。塑限是细粒土呈可塑状态的下限含水率，即土从可塑状态过渡到半固体状态的界限含水率。测定土壤的塑限，可用来划分土的工程类别，确定土的状态。

（四）实验方法

本实验方法适用于粒径小于 0.5mm 的土壤。

土的塑限按式（6-5）计算：

$$\omega_p = w - \frac{v_0 - v_d}{m_s} \rho_w \times 100\% \qquad (6-5)$$

式中：ω_p 为土的塑限（%）；ω 为制备时的含水率（%）；v_0 为湿土样的体积（cm^3）；v_d 为干土样的体积（cm^3）；m_s 为干土质量（g）；ρ_w 为温度 4℃ 时水的密度（g/cm^3）。

（五）实验器具

1. 收缩皿　金属制成，直径为 45～50mm，高 20～30mm。

2. 卡尺　分度值为 0.02mm。

3. 其他　标准筛、不锈钢杯、调土刀、凡士林、烘箱、干燥器、蒸馏水等。

（六）实验步骤

1. 制备土样　取代表性土样 3 份各 200g，加蒸馏水搅拌均匀，制备成含水率等于或略大于 10mm 液限的土样。

2. 装土入皿　在收缩皿内涂一薄层凡士林，将土样分层填入称重后的收缩皿，每次填入后用收缩皿底轻拍实验桌，直至收缩皿内气泡被完全驱尽，土样填满收缩皿后用调土刀刮平表面。

3. 称重　擦干净收缩皿外部，称量收缩皿和土样的总质量，准确至 0.01g。将填满土样的收缩皿放在通风处晾干，当土样颜色变淡时放入烘箱烘至恒量，取出放在干燥器内冷却至室温，称量收缩皿和干土样的总质量，准确至 0.01g。

4. 测定含水率　用蜡封法测定干土样的体积，根据实验方法中计算公式求得 3 份土样塑限的平均值，即为最终的土样塑限。

(七) 数据记录及分析

在表 6-6 中记录实验数据并进行分析。

表 6-6　实验数据记录

土样编号	收缩皿质量/g	收缩皿+湿土质量/g	收缩皿+干土质量/g	含水率/%	湿土体积/cm³	干土体积/cm³	塑限/%
1							
2							
3							

(八) 注意事项

1. 土样装入收缩皿前必须在收缩皿内涂一薄层凡士林。
2. 分层将土样填入收缩皿中时务必将收缩皿内气泡完全驱尽。

(九) 思考题

1. 为什么收缩皿中土样颜色变淡时才能放入烘箱内烘至恒重?
2. 液限、塑限蜡封法测定干土样体积的具体操作有哪些?

实验七　土的击实性测定

一、实验目的

在模拟工地压实的条件下，利用标准化的击实仪器和规定的标准方法测定土的最大干密度和最优含水率，这些指标是控制路堤、土坝和填土地基等密实度的重要指标，可用来控制施工。

二、实验原理

实际工程中，土的击实过程首先使土被压缩后又自身回弹，是土颗粒在不排水条件下，重新组构的过程，这不是固结过程，也不同于一般的压缩过程。土的击实性测定实验中土的压实程度与含水率、压实功能和压实方法有密切的关系。当压实功能和压实方法不变时，土的干密度随含水率增加而增加，当干密度达到某一最大值后，干密度随含水率增加反而减小，能使土达到最大密度的含水率，称为最优含水率 ω_{op}，与其相应的干密度称为最大干密度 ρ_{dmax}。

三、实验内容

本实验分轻型击实和重型击实。轻型击实实验适用于粒径小于 5mm 的黏性土壤，重型击实实验适用于粒径不大于 20mm 的土壤。轻型击实实验的单位体积击实功约 592.2kJ/m³，重型击实实验的单位体积击实功约 2 684.9kJ/m³。采用三层击实时，土样最大粒径不应大于 40mm。

四、实验方法

1. 干密度　按式（7-1）计算：

$$\rho_d = \frac{\rho}{1 + 0.01\omega} \qquad (7-1)$$

式中：ρ_d 为干密度（g/cm³）；ρ 为湿密度（g/cm³）；ω 为含水率（%）。

2. 湿密度　按式（7-2）计算：

$$\rho = \frac{m_2 - m_1}{V} \qquad (7-2)$$

式中：ρ 为湿密度（g/cm³）；m_2 为击实后击实筒和湿土样质量（g）；m_1 为击实筒质量（g）；V 为击实筒容积（mL）。

3. 含水率 按式（7-3）计算：

$$w = \frac{\rho_{rw}}{\rho - \rho_{rw}} = \frac{\rho_{rw}}{\rho_d} \times 100\% \qquad (7-3)$$

式中：ω 为含水率（%）；ρ_{rw} 为含水量（单位体积土中水的质量，g/cm³）；ρ 为湿密度（g/cm³）；ρ_d 为干密度（g/cm³）。

4. 绘制曲线 以干密度 ρ_d 为纵坐标，含水率 ω 为横坐标，绘制干密度与含水率的关系曲线，如图 7-1 所示。曲线上峰值点所对应的纵坐标为土的最大干密度，横坐标为土的最优含水率。如果不能绘出准确峰值点，应进行补点。

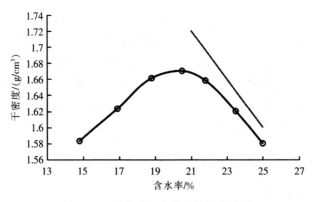

图 7-1 干密度与含水率的关系曲线

气体体积等于零（即饱和度 100%）的等值线应按式（7-4）计算，并将计算值画在图 7-1 所示的关系曲线上。

$$\omega_{set} = \left(\frac{\rho_w}{\rho_d} - \frac{1}{G_s} \right) \times 100\% \qquad (7-4)$$

式中：ω_{set} 为土样的饱和含水率（%）；ρ_w 为温度 4℃ 时水的密度（g/cm³）；ρ_d 为土样的干密度（g/cm³）；G_s 为土粒相对密度（%）。

五、实验器具

1. 击实仪 如图 7-2 所示。锤质量 2.5kg，筒高 116mm，体积 947.4cm³。

2. 天平 称量 200g，分度 0.01g。

3. 台秤 称量 10kg，分度值 5g。

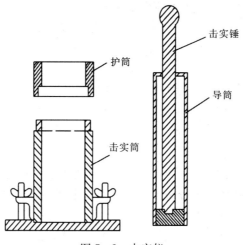

图 7 - 2　击实仪

4. 其他　喷水设备、标准筛、凡士林、碾土器、盛土器、推土器、调土刀、橡皮板等。

六、实验步骤

1. 仪器安装　将击实筒台阶放进底板凹处，通过短连接杆用蝶形螺母拧紧。依次将套环凹台阶放在击实筒台阶上，通过长连接杆用蝶形螺母拧紧。长短螺杆与底板上螺孔拧紧，再用螺帽并紧。最后将锤杆通过导筒盖中间孔，两端分别与手柄和击锤拧紧。

2. 制备土样　用四分法取代表性风干土样，土样量不少于 20kg（重型为 50kg），放在橡皮板上用木碾碾碎，过 5mm 筛（重型过 20mm 或 40mm 筛），搅拌均匀备用，并测定土样的风干含水率。

3. 加水搅拌　按土样的塑限估计最优含水率，在最优含水率附近依次相差约 2% 的含水率制备最少 5 个土样，依次相差 2%，其中有两个大于最优含水量，两个小于最优含水量，一个接近最优含水量。

所需加水量按式（7 - 5）进行计算：

$$m_{\mathrm{w}} = \frac{m_{\mathrm{w0}}}{1 + 0.01\omega_0} \times 0.01(\omega - \omega_0) \qquad (7 - 5)$$

式中：m_{w} 为所需加水质量（g）；m_{w0} 为测风干含水率时土样的质量（g）；ω_0 为土样的风干含水率（%）；ω 为预定达到的含水率（%）。

每个土样取 2.5kg，平铺于不吸水的平板上，用喷水设备向土样均匀喷洒预定的加水量，并搅拌均匀，密封于盛土器内静置备用。静置时间：高液限黏土不得少于 24h，低液限黏土不应少于 12h。

若为天然含水率的代表性土样，取碾碎土样过 5mm 筛（重型过 20mm 或 40mm 筛），搅拌均匀备用，土样量不少于 20kg（重型为 50kg），分别风干或加水到所要求的不同含水率。

4. 分层击实 轻型击实法取制备好的土样 600～800g，在击实筒内壁涂抹一层凡士林，并将土样倒入筒内，分 3 层，整平表面，每层击实 25 次，每层击实后土样约为击实筒容积的 1/3。重型击实法取制备好的土样 900～1 100g，倒入筒内，分 5 层，整平表面，每层击实 56 次，每层击实后土样约为击实筒容积的 1/3。每层土样高度宜相等，两层交界处的土面应刨毛。击实时应保持导筒垂直平稳，锤迹须均匀分布于土面。重复上述步骤，进行第二、第三层的击实。击实后土样不超出击实筒顶 6mm。

5. 称土质量 取下套环，削平击实筒顶试样，擦净击实筒外壁，称土质量，精确至 0.1g。

6. 测含水率 用推土器推出筒内土样，从中取出两个各 15～30g（重型为 50～100g）土样测定其含水率，平行差值应不大于 1%。按以上步骤进行其他不同含水率土样的击实实验。一般不重复使用土样。

7. 校正 轻型击实实验中，当粒径大于 5mm 的颗粒含量小于 30% 时，应按式（7-6）计算校正后的最大干密度：

$$\rho'_{dmax} = \frac{1}{\dfrac{1-\rho}{\rho_{dmax}} + \dfrac{P}{G_{s2}\rho_w}} \qquad (7-6)$$

式中：ρ'_{dmax} 为校正后的最大干密度（g/cm³）；ρ_w 为水的密度（g/cm³）；ρ_{dmax} 为粒径小于 5mm 土样的最大干密度（g/cm³）；P 为粒径大于 5mm 颗粒的含量，用小数表示；G_{s2} 为粒径大于 5mm 颗粒的干相对密度，用小数表示。

最优含水量按式（7-7）进行校正，精确至 0.1%：

$$w'_{op} = w_{op}(1-0.01P) + 0.01P \times w_A \qquad (7-7)$$

式中：w'_{op} 为校正后土的最优含水率（%）；w_{op} 为粒径小于 5mm 的土样实验所得的最优含水率（%）；P 为粒径大于 5mm 颗粒的含量（%）；w_A 为粒径大于 5mm 颗粒的吸着含水率（%）。

七、数据记录及分析

在表 7-1 中记录实验数据并进行分析。

表 7-1　实验数据记录

土样编号	干密度					含水率							
	筒＋土质量/g	筒质量/g	湿土质量/g	密度/(g/cm³)	干密度/(g/cm³)	盒号	盒＋湿土总质量/g	盒＋干土总质量/g	盒质量/g	水的质量/g	干土质量/g	含水率/%	平均含水率/%
1													
2													
3													
4													
5													

八、注意事项

1. 实验前击实筒内壁要涂一层凡士林。

2. 击实一层后用调土刀把土样表面刨毛，使层与层之间压密。

3. 锤击时导筒要求垂直底板，保证击锤为自由落体。

4. 仪器使用完毕后，导筒内及击锤套筒击实筒及底板上必须擦拭干净，抹油防锈。

九、思考题

1. 影响击实特性的因素有哪些？

2. 土样的风干含水率具体测定步骤有哪些？

实验八　土的渗透性测定

一、实验目的

土体是固体颗粒、水和气所组成的三相介质。土固体颗粒之间存在孔隙，水通过土的孔隙发生渗透。不同类型土的孔隙大小不同，渗透性也不同。土壤渗透性直接关系各种工程问题，是土的重要性质之一。

土壤渗透性与土壤质地、结构、盐分含量、含水量和湿度等有关。

二、实验原理

达西定律是渗透的基本定律，根据达西定律，均匀沙土在层流条件下，土中水的渗透速度与单位渗流长度的能量（水头）损失和溢出断面积成正比，且与土的渗透性质有关，见式（8-1）。

$$q = kA\frac{\Delta h}{l} = kAi \quad 或 \quad v = \frac{q}{A} = ki \qquad (8-1)$$

式中：i 为水力梯度（沿渗透方向单位长度的水头损失），$i = \frac{\Delta h}{l}$；k 为渗透系数，其值等于 i 为 1 时水的渗透速度（cm/s）。

三、实验内容

1. 常水头渗透实验　土的渗透系数是反映土的渗透能力的定量指标，粗粒土壤通过常水头渗透实验直接测定渗透系数，以便了解土的渗透性能大小，用于土的渗透计算和供建造土坝时选土料之用。

2. 变水头渗透实验　基本同常水头渗透实验，但由于细粒土孔隙小，且存在黏滞水膜，若渗透压力较小，则不足以克服黏滞水膜的阻滞作用，因而必须达到某一起始比降后，才能产生渗流，所以采用变水头渗透实验。

四、实验方法

其测定的方法主要分为室内渗透实验和现场渗透实验两大类，这里主要介绍室内方法。室内渗透实验又分常水头法和变水头法两种。

1. 粗粒土采用常水头渗透实验，细粒土采用变水头渗透实验。

2. 以 20℃ 水温为标准温度，标准温度下的渗透系数符合式（8－2）：

$$k_{20} = k_T \frac{\eta_T}{\eta_{20}} \tag{8－2}$$

式中：k_{20} 为标准温度时试样的渗透系数（cm/s）；η_T 为温度为 T 时水的动力黏滞系数（kPa·s）；η_{20} 为 20℃ 时水的动力黏滞系数（kPa·s）。

3. 根据计算的渗透系数，应取 3～4 个在允许差值范围的数据的平均值，作为试样在该孔隙比下的渗透系数（允许差值不大于 $2×10^{-n}$）。

水的动力黏滞系数及温度校正值见表 8－1。

表 8－1　水的动力黏滞系数、黏滞系数比、温度校正值

温度/℃	动力黏滞系数/(kPa·s×10⁻⁶)	黏滞系数比	温度校正值 T_p	温度/℃	动力黏滞系数/(kPa·s×10⁻⁶)	黏滞系数比	温度校正值 T_p
5.0	1.516	1.501	1.17	15.5	1.130	1.119	1.58
5.5	1.498	1.478	1.19	16.0	1.115	1.104	1.60
6.0	1.470	1.455	1.21	16.5	1.101	1.090	1.62
6.5	1.449	1.435	1.23	17.0	1.088	1.077	1.64
7.0	1.428	1.414	1.25	17.5	1.074	1.066	1.66
7.5	1.407	1.393	1.27	18.0	1.061	1.050	1.68
8.0	0.387	1.373	1.28	18.5	1.048	1.038	1.70
8.5	1.367	1.353	1.30	19.0	1.035	1.025	1.72
9.0	1.347	1.334	1.32	19.5	1.022	1.012	1.74
9.5	1.328	1.315	1.34	20.0	1.010	1.000	1.76
10.0	1.310	1.297	1.36	20.5	0.998	0.988	1.78
10.5	1.292	1.279	1.38	21.0	0.986	0.976	1.80
11.0	1.274	1.261	1.40	21.5	0.974	0.964	1.83
11.5	1.256	1.243	1.42	22.0	0.968	0.958	1.85
12.0	1.239	1.227	1.44	22.5	0.952	0.943	1.87
12.5	1.223	1.211	1.46	23.0	0.941	0.932	1.89
13.0	1.206	1.194	1.48	24.0	0.919	0.910	1.94
13.5	1.188	1.176	1.50	25.0	0.899	0.890	1.98
14.0	1.175	1.168	1.52	26.0	0.879	0.870	2.03
14.5	1.160	1.148	1.54	27.0	0.859	0.850	2.07
15.0	1.144	1.133	1.56	28.0	0.841	0.833	2.12

（续）

温度/℃	动力黏滞系数/ (kPa·s×10⁻⁶)	黏滞 系数比	温度校 正值 T_p	温度/℃	动力黏滞系数/ (kPa·s×10⁻⁶)	黏滞 系数比	温度校 正值 T_p
29.0	0.823	0.815	2.16	33.0	0.757	0.750	2.34
30.0	0.806	0.798	2.21	34.0	0.742	0.735	2.39
31.0	0.789	0.781	2.25	35.0	0.727	0.720	2.43
32.0	0.773	0.765	2.30				

（一）常水头渗透实验

1. 实验器具

（1）常水头渗透型渗透仪，如图 8-1 所示。

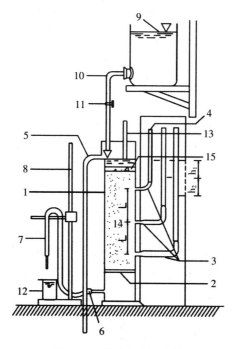

图 8-1　常水头渗透装置

1. 试样筒　2. 金属孔板　3. 测压孔　4. 玻璃　测压管　5. 溢水孔　6. 渗水孔　7. 调节管
8. 滑动支架　9. 容量为 5 000mL 的供水容器　10. 供水管　11. 止水夹
12. 容量为 500mL 的量筒　13. 温度计　14. 试样　15. 砾石层　h_1 初始水头　h_2 终止水头

（2）温度计。分度值 0.5℃。

（3）其他。木击锤、秒表、天平、温度计、量杯等。

2. 实验步骤

实验采用的纯水，应在实验前用抽气法或煮沸法脱气。实验时的水温宜高于实验室的温度 3~4℃。

（1）调节。将调节管与供水管连通，由仪器底部充水至水位略高于金属孔板，关止水夹。

（2）取土。取风干试样 3~4kg，称量准确至 1.0g，并测定其风干含水率。

（3）装土。将试样分层装入仪器，每层厚 2~3cm，用木槌轻轻击实到一定厚度，以控制其孔隙比。

（4）饱和。每层沙样装好后，连接调节管与供水管，微开止水夹，使沙样从下至上逐渐饱和，待饱和后，关上止水夹。

（5）进水。提高调节管，使其高于溢水孔，然后将调节管与供水管分开，并将供水管置于试样筒内，开止水夹，使水由上部注入筒内。

（6）降低调节管。降低调节管口，使之位于试样上部 1/3 处，造成水位差。在渗透过程中，溢水孔始终有余水溢出，以保持常水位。

（7）测记。开动秒表，用量筒自调节管接取一定时间的渗透水量，并重复一次。测记进水与出水处的水温，取其平均值。

（8）重复实验。降低调节管口至试样中部及下部 1/3 处，以改变水力坡降，按以上步骤重复进行测定。

3. 数据记录及分析

常水头渗透系数应按式（8-3）计算：

$$k_T = \frac{QL}{AHt} \tag{8-3}$$

式中：k_T 为水温 T 时试样的渗透系数（cm/s）；Q 为时间 t 内的渗出水量（cm³）；L 为两侧压管中心间的距离（cm）；A 为试样的断面积（cm²）；H 为平均水位差（cm），平均水位差 H 可按 $(H_1+H_2)/2$ 计算；t 为时间（s）。

将数据记入表 8-2。

表 8-2　常水头渗透实验记录

实验次数	经过时间	测压管水位			水位差			水力坡降	渗水量/cm	渗透系数/(cm/s)	水温/℃	校正系数	水温20℃时的渗透系数/(cm/s)	平均渗透系数/(cm/s)
		Ⅰ	Ⅱ	Ⅲ	H_1	H_2	平均							

（二）变水头渗透实验

1. 实验器具

（1）渗透容器。环刀、透水石、环套、上盖和下盖。

（2）变水头装置。渗透容器、变水头管、供水瓶、进水管（图8-2）。

（3）其他。量筒、秒表、温度计、凡士林等。

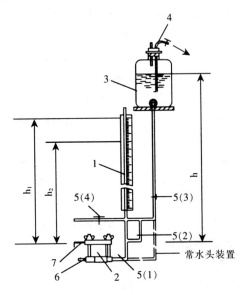

图8-2 变水头渗透装置

1. 变水头管 2. 渗透容器 3. 供水瓶 4. 接水源管 5（1）、5（2）、5（3）、5（4）. 进水管夹

6. 排气管 7. 出水管 h_1. 初始水头 h_2 终止水头 h. 总水头

2. 实验步骤

实验采用的纯水，应在实验前用抽气法或煮沸法脱气。实验时的水温宜高于实验室的温度3～4℃。

（1）装土。将装有试样的环刀推入套筒并压入止水垫圈。装好带有透水石和垫圈的上下盖，并用螺丝拧紧，不得漏气漏水。对不易透水的试样，应进行抽气饱和；对饱和试样和较易透水的试样，直接用变水头装置的水头进行试样饱和。

（2）注水。把装好试样的容器进水口与供水装置连通，关止水夹，向供水瓶注满水。将渗透容器的进水口与变水头管连接，利用供水瓶中的纯水向进水管注满水，并渗入渗透容器，开排气阀，排除渗透容器底部的空气，直至溢出水中无气泡，关排水阀，放平渗透容器，关进水管夹。

（3）测记。向变水头注纯水，使水升至预定高度，水头高度根据试样结构的疏松程度确定，一般不应大于 2m，待水位稳定后切断水源，开进水管夹，使水通过试样，当出水口有水溢出时开始测记变水管中起始水头高度和起始时间，按预定时间间隔测记水头和时间的变化，并测记出水口的水温。

（4）重复。将变水头管中的水位变换高度，待水位稳定再进行测记水头和时间变化，重复实验 5～6 次。当不同开始水头下测定的渗透系数在允许差值范围时，结束实验。

3. 数据记录及分析

变水头渗透系数应按式（8-4）计算：

$$k_T = 2.3 \frac{aL}{A(t_1 + t_2)} \lg \frac{H_1}{H_2} \tag{8-4}$$

式中：a 为变水头管的断面积（cm^2）；2.3 为 ln 和 lg 的变换因数；L 为渗径，即试样高度（cm）；t_1、t_2 分别为测度水头的起始和终止时间（s）；H_1、H_2 为起始和终止水头（cm）。

表 8-3　变水头渗透实验记录

开始时间 t_1/s	终止时间 t_2/s	经过时间 t/s	开始水头 H_1/cm	终止水头 H_2/cm	温度 T 时的渗透系数/（cm/s）	水温/℃	校正系数	水温 20℃时的渗透系数/（cm/s）	平均渗透系数/（cm/s）

五、注意事项

1. 常水头渗透实验开始实验前检查测压管及调节管是否堵塞。

2. 常水头渗透实验干沙饱和时，必须将调节管接通水源让沙饱和。

3. 常水头渗透实验时注意让水源直接流到试样筒里，水位与溢水孔齐平。

4. 常水头渗透实验根据计算的渗透系数，取 3～4 个在允许差值范围的数据的平均值。

5. 变水头渗透实验中环刀取试样时，应尽量避免结构扰动，并禁止用削土刀反复涂抹试样表面。

6. 变水头渗透实验中注意不要让水从环刀与土之间的缝隙流过，以免造成假象。

7. 变水头渗透实验中为了防漏水可在环刀边套橡皮胶圈或者涂抹凡士林密封，同时用开水浸泡透水石。

六、思考题

1. 常水头实验的适用范围有哪些？

2. 变水头实验的适用范围有哪些？

3. 达西定律的适用范围是否适用粗粒与细粒的渗透实验？

实验九　土的压缩性测定

一、实验目的

土体是多相混合介质，在外荷载作用下，土中的水和气逐渐排出，空隙体积受压减小，从而引起土体的体积减小而发生压缩，土体的压缩变形随时间及荷载力的变化逐渐趋于稳定。在固结仪中，通过改变荷载力的变化来计算图的压缩系数、压缩指数、回弹指数、压缩模量、固结系数等指标。

二、实验原理

土的压缩性主要是由于孔隙体积减小而引起的。在饱和土中，水具有流动性，在外力作用下沿着土中孔隙排出，从而引起土体积减小而发生压缩，实验时由于金属环刀及刚性护环所限，土样在压力作用下只能在竖向产生压缩，而不可能产生侧向变形，故称为侧限压缩。

三、实验内容

土的压缩是利用固结仪给土体加压，土体在荷重作用下产生变形的过程。在土体压缩逐渐稳定后测定各项指标，以判断土体的压缩性，为了解建筑物的沉降提供数据理论。

四、实验方法

标准压缩实验，分 5 级荷载力加压：50kPa、100kPa、200kPa、300kPa、400kPa，每级恒定荷载持续 24h（或当变形速率＜0.005mm/h）时，测定每级荷载稳定时的总压缩量。

五、实验器具

1. 固结仪　包括固结容器、环刀、透水板等（图 9-1）。
2. 加压设备　应能垂直地在瞬间施加各级规定的压力，且没有冲击力。

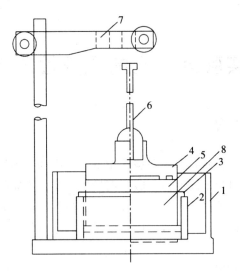

图 9-1 固结仪示意图

1. 水槽　2. 护环　3. 环刀　4. 加压上盖　5. 透水石　6. 量表导杆　7. 量表架　8. 试样

3. 变形量测设备　量程为 10mm，最小分度为 0.01mm 的百分表或准确度为全量程 0.2％的位移传感器。

4. 其他　圆玻璃片、天平、秒表、土刀、铝盒、滤纸、凡士林、烘箱等。

六、实验步骤

1. 按工程需要选择面积为 30mm 或 50mm 的切土环刀，环刀内侧涂上一层薄薄的凡士林，刀口应向下放在原状土或人工制备的扰动土上，切取原状土样时，应与天然状态时垂直方向一致。

2. 小心地边压边削，注意避免环刀非垂直方向入土，使整个土样进入环刀并凸出环刀为止，然后用钢丝锯（软土）或用土刀（较硬的土）将环刀两端余土修平，擦净环刀外壁。

3. 测定土样密度，并在余土中取代表性土样测定其含水率，然后用圆玻璃片将环刀两端盖上，以防水分蒸发。

4. 在固结容器内放置护环、透水板和薄型滤纸，将带有土样的环刀装入固结容器的护环内，放上导环，试样上顺次放上薄型滤纸、透水石、传压活塞和定向钢环球。

5. 将固结容器准确地放在加荷横梁中心，再按照要求安装好加荷设备；施加 1kPa 的预压力，使仪器上下各部件之间接触，调整好百分表，并将初读数归零。

6. 加压等级可采用 12.5kPa、25kPa、50kPa、100kPa、200kPa、400kPa、800kPa、1 600kPa、3 200kPa。第一级压力的大小应视土的软硬程度而定，宜用 12.5kPa、25kPa 或 50kPa；最后一级压力应大于土的自重应力与附加压力之和，但最大压力不小于 400kPa；最后一级压力应使测得的 $e-\lg p$ 曲线下段出现直线段，对于超固结土，应采用卸压再加压方法来评价其再压缩特性。

7. 需要确定原状土的先期固结压力时，初始段的荷重率应小于 1，可采用 0.5 或 0.25。

8. 对于饱和试样，在试样受第一级荷重后，应立即向固结容器的水槽中注水浸没试样，而对于非饱和土样，须用湿棉纱或湿海绵覆盖于加压盖板四周，避免水分蒸发。

9. 施加各级压力，待试样在某级压力作用下达到稳定后再施加下一级压力。当需要测定沉降速率时（仅限于饱和土），加压后按下列时间顺序读数：6s、15s、1min、2min15s、4min、6min15s、9min、12min15s、16min、20min15s、25min、30min15s、36min、42min15s、49min、64min、100min、200min、400min、23h、24h，直至稳定。

10. 当不需要测定沉降速率时，稳定标准规定为每级压力下固结 24h。测记稳定读数后再施加第二级压力。依次逐级加压至实验结束。

11. 只需测定压缩系数的试样，施加每级压力后，每小时变形达 0.01mm 时，测定试样高度变化作为稳定标准。按此步骤逐级加压至实验结束。

12. 当需要做回弹实验时，回弹荷重可由超过自重应力或超过先期固结压力的下一级荷重依次卸压至 25kPa，然后再依次加荷，一直加至最后一级荷重，卸压后的回弹稳定标准与加压相同，即每次卸压后 24h 测定试样的回弹量。但对于再加荷时间，因考虑到固结已完成，稳定较快，因此可采用 12h 或更短的时间。

13. 实验结束后，吸去容器中的水，迅速拆除仪器各部件，小心取出带环刀的试样，测定实验后的含水率，并将仪器清洗干净。

七、数据记录及分析

1. 按式（9-1）计算试样的初始空隙比 e_0：

$$e_0 = \frac{G_s(1+\omega_0)\rho_w}{\rho_0} - 1 \qquad (9-1)$$

式中：e_0 为试样初始孔隙比；G_s 为土粒比重；ω_0 为试样初始含水率（％）；ρ_0 试样初始密度（g/cm³）；ρ_w 为水的密度（g/cm³）。

2. 按式（9-2）计算各级压力下固结稳定后的孔隙比：

$$e_i = e_0 \frac{1+e_0}{h_0} \Delta h_i \qquad (9-2)$$

式中：e_i 为某级压力下的孔隙比；Δh_i 为某级压力下试样的高度变化（cm）；h_0 为试样初始高度（cm）。

3. 按式（9-3）、式（9-4）、式（9-5）、式（9-6）分别计算某一压力范围的压缩系数 a_v、压缩模量 E_s、体积压缩系数 m_v、压缩指数 C_c：

$$a_v = \frac{e_i - e_{i+1}}{p_{i+1} - p_i} \qquad (9-3)$$

$$E_s = \frac{1+e_0}{a_v} \qquad (9-4)$$

$$m_v = \frac{1}{E_s} = \frac{a_v}{1+e_0} \qquad (9-5)$$

$$C_c = \frac{e_i - e_{i+1}}{\lg p_{i+1} - \lg p_i} \qquad (9-6)$$

式中：p_i 为某一压力值（kPa）。

4. 绘制关系曲线　以孔隙比 e 为纵坐标，以压力 p 为横坐标，绘制 $e-p$ 曲线或 $e-\lg p$ 曲线，如图9-2所示。

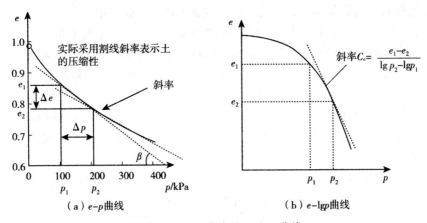

（a）$e-p$曲线　　　　　　　（b）$e-\lg p$曲线

图9-2　$e-p$ 曲线及 $e-\lg p$ 曲线

5. 先期固结压力确定　先期固结压力 p_c，常用卡萨罗兰德（Cass Grande）1936年提出的经验作图法来确定（图9-3），具体步骤：

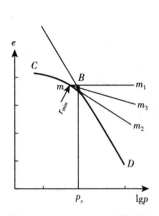

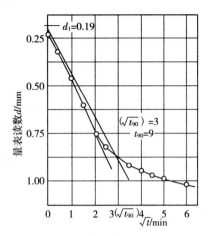

图9-3 由e-$\lg p$曲线确定
先期固结压力

图9-4 时间平方根法求t_{90}

①在e-$\lg p$压缩实验曲线上，找曲率最大点m；②作水平线m_1；③作m点切线m_2；④作m_1、m_2的角平分线m_3；⑤m_3与实验曲线的直线段交于点B；⑥B点对应于先期固结压力p_c。

6. 按下述方法确定固结系数

（1）时间平方根法。对于某一级压力，已试样变形的量表读数d为纵坐标，以时间平方根为横坐标，绘制d曲线（图9-4），延长d曲线开始段的直线，交纵坐标于d_s（d_s称为理论零点），过d_s作另一直线，并令其另一端的横坐标为前一直线横坐标的1.15倍，则后一直线与d曲线交点所对应的时间（交点横坐标的平方）即为试样固结度达90%所需的时间t_{90}，该级压力下的垂直向固结系数C_v按式（9-7）计算：

$$C_v = \frac{0.848\,\overline{h^2}}{t_{90}} \qquad (9-7)$$

式中：C_v为垂直向固结系数（cm/s）；$\overline{h^2}$为最大排水距离，等于某级压力下试样的初始高度与终了高度的平均值之半（cm）；t_{90}为固结度达90%所需的时间（s）。

（2）时间对数法。对于某一级压力，以试样变形的量表读数d为纵坐标，以时间的对数$\lg t$为横坐标，在半对数纸上绘制d-$\lg t$曲线（图9-5），该曲线的首段部分接近于抛物线，中部一段为直线，末段部分随着固结时间的增加而趋于一条直线。

在d-$\lg t$曲线的开始段抛物线上，任选一个时间t_a，相对应的量表读数为d_a，再取时间$t_b = 4t_a$，相对应的量表读数为d_b，从时间t_a相对应的量表读数d_a向上取时间t_a相对应的量表读数d_a与时间t_b相对应的量表读数d_b的差

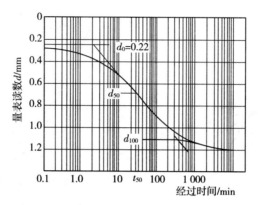

图 9-5　时间对数法求 t_{50}

值 d_a-d_b，并作一条水平线，水平线的纵坐标 $2d_a-d_b$ 即为固结度 $U=0$ 的理论零点 d_{01}；另取时间按同样方法可求得 d_{02}、d_{03}、d_{04} 等，取其平均值作为平均理论零点 d_0，延长曲线中部的直线段和通过曲线尾部切线的交点即为固结度 $U=100\%$ 的理论终点 d_{100}，根据 d_0 和 d_{100}，即可定出相应于固结度 $U=50\%$ 的纵坐标 $d_{50}=(d_0+d_{100})/2$，对应于 d_{50} 的时间即为试样固结度 $U=50\%$ 所需的时间 t_{50}，对应的时间因数为 $T_v=0.197$，于是，某级压力下的垂直向固结系数可按式（9-8）计算：

$$C_c = \frac{0.197\,\overline{h^2}}{t_{50}} \qquad (9-8)$$

式中：t_{50} 为固结度达 50% 所需的时间（mm）。

表 9-1　固结实验记录

经过时间	压力/kPa							
	50		100		200		400	
	日期	量表读数/0.01mm	日期	量表读数/0.01mm	日期	量表读数/0.01mm	日期	量表读数/0.01mm
0								
0.25min								
1min								
2.25min								
4min								
6.25min								
9min								

（续）

经过时间	压力/kPa							
	50		100		200		400	
	日期	量表读数/0.01mm	日期	量表读数/0.01mm	日期	量表读数/0.01mm	日期	量表读数/0.01mm
12.25min								
16min								
20.25min								
25min								
30.25min								
36min								
42.25min								
60min								
23h								
24h								
总变形量/mm								
仪器变形量/mm								
试样总变形量/mm								

表 9-2　固结实验记录

试样原始高度 $h_0 = 20.0\text{mm}$
实验前孔隙比 $e_0 =$ _____

$$C_v = \frac{0.848\ (\bar{h})^2}{t_{90}} \quad \text{或} \quad C_v = \frac{0.197\ (\bar{h})^2}{t_{50}}$$

加压历时/h	压力/kPa	试样总变形量/mm	压缩后试样高度/mm	孔隙比	压缩模量/MPa	压缩系数/MPa^{-1}	排水距离/cm	固结系数/(cm^2/s)

八、注意事项

1. 首先装好试样，再安装量程表，且小指针调至整数位，大指针调至零，妥善固定在量表架上。

2. 压缩容器内放置的透水石、滤纸适度尽量与试样接近。

3. 实验中不要震动实验台，防止指针发生偏移。

九、思考题

1. 土的压缩都与哪些因素有关？在工程上体现在哪些方面？

2. 时间平方根和时间对数法基于什么原理？

实验十　无侧限抗压强度测定

一、实验目的

无侧限抗压强度实验是在无侧限的压力下，对土样逐渐增加轴向压力，直到破坏的过程。非黏性土在无侧限条件下难以成型，该实验主要用于黏性土，尤其适用于饱和软黏土。目的在于测定土的无侧限抗压强度及灵敏度。根据土样的灵敏度判断其结构情况。灵敏度越大，结构性越强。

二、实验原理

土的无侧限抗压强度是土在无侧限压力条件下抵抗轴向压力的极限强度。实验时，土样所受的小主应力 $\sigma_3 = 0$，大主应力 σ_1 即为无侧限抗压强度，用 q_u 表示。

对于饱和软黏土，当土样被破坏时，由于水分来不及排出，超静水压力代替有效水压力，因而摩擦力不发生作用，在 $\varphi = 0$ 的情况下，可利用无限侧抗压强度间接地计算出该土样的不排水抗剪强度，$\tau_f = \dfrac{q_u}{2}$。由于试样侧面不受限制，这样求得的抗剪强度值比常规三轴不排水抗剪强度值略小。

三、实验内容

本实验测定饱和软黏土的无侧限抗压强度及灵敏度。

四、实验方法

1. 轴向应变力按式（10-1）和式（10-2）计算：

$$\varepsilon_1 = \frac{\Delta h}{h_0} \tag{10-1}$$

$$\Delta h = n\Delta L - R \tag{10-2}$$

式中：ε_1 为轴向应变（％）；Δh 为轴向变形（mm）；n 为手轮转数；ΔL 为手轮每转一周，下加压板上升高度（mm）；R 为测力计读数，精确到 0.01mm。

2. 试样平均直径和断面积，应按式（10-3）计算：

$$A_a = \frac{A_0}{1 - \varepsilon_1} \qquad (10-3)$$

式中：A_a 为校正后的试样断面积（cm^2）；A_0 为实验前的试样断面积（cm^2）。

3. 轴向应力按式（10-4）计算：

$$\sigma = \frac{CR}{A_a} \times 10 \qquad (10-4)$$

式中：σ 为轴向应力（kPa）；C 为测力环系数，N/0.01mm；10 为单位换算系数。

4. 灵敏度按式（10-5）计算：

$$S_t = \frac{q_u}{q'_u} \qquad (10-5)$$

式中：S_t 为灵敏度；q_u 为原状试样的无侧限抗压强度（kPa）；q'_u 为重塑试样的无侧限抗压强度（kPa）。

5. 绘制 σ-ε 关系曲线　以轴向应力为纵坐标、轴向应变为横坐标，取曲线上最大轴向应力作为无侧限抗压强度，如图 10-1 所示。

利用以上方法计算无侧限抗压强度及灵敏度。

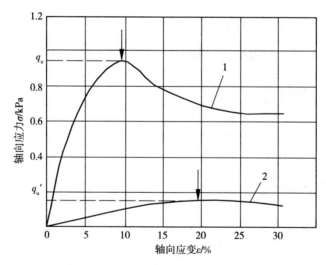

图 10-1　σ-ε 关系曲线（南京水利科学研究院，1999）
1. 原状试样　2. 重塑试样

五、实验器具

1. 应变控制式无侧限压缩仪，如图 10 - 2 所示。
2. 切土盘。
3. 重塑筒　自身可拆成两半，内径为 3.5～4cm，高 8～10cm。
4. 轴向位移计　量程为 10mm，最小分度为 0.01mm 的百分表或准确度为全量程 0.2%的位移传感器。
5. 天平　称量 1 000g，精确度 0.1g。
6. 其他　秒表、卡尺、凡士林、削土刀等。

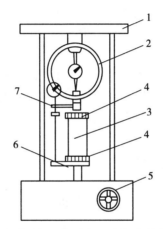

图 10 - 2　应变控制式无侧限压缩仪（南京水利科学研究院，1999）
1. 轴向加压架　2. 轴向测力计　3. 试样　4. 上、下传压板
5. 手轮或电动转轮　6. 升降板　7. 轴向位移计

六、实验步骤

1. 制备试样　①将原状土样按天然层次的方向放在桌面上，用削土刀或钢丝锯切成大于土样直径的土柱放入切土盘的上、下圆盘之间，紧靠侧杆由上往下细心边切边转动圆盘，直至切成与重塑筒体积相同的圆柱体。然后取下试样，横放于重塑筒内（重塑筒内壁先抹一层凡士林，防止水分蒸发）沿筒两端整修齐平，使试样的上、下两面彼此平行，且与侧面互相垂直。②从重塑筒内取出试样，并用卡尺量测试样的高度和上、中、下各部位的直径，准确至 0.1mm，然后称量，准确至 0.1g，取余土测其含水量。按照式（10 - 6）计算平均直径：

$$D_0 = \frac{D_1 + 2D_2 + D_3}{4} \qquad (10-6)$$

式中：D_0 为试样的平均直径（cm）；D_1、D_2、D_3 为式样上、中、下的直径。

2. 安装试样　①将土样两端抹一层凡士林，防止水分蒸发。②将土样放在加压板上，转动手轮，使试样与上加压板刚好接触，将测力计读数调至零。③轴向应变速率宜为每分钟 $1\%\sim3\%$。转动手柄，使升降设备上升进行实验。轴向应变小于 3% 时，每隔 0.5% 应变读数一次；轴向应变大于或等于 3% 时，每隔 1% 读数一次。实验宜在 $8\sim10\text{min}$ 内完成。

3. 当测力计读数出现峰值时，继续进行 $3\%\sim5\%$ 的应变值后停止实验。当读数无峰值时，实验应进行到应变达到 20% 时为止。

4. 实验结束后，迅速反转手轮，取下试样，描述试样破坏后的形状和滑动面的夹角。

5. 当需测定灵敏度，则立即将实验破坏后的试样除去涂有凡士林的表面，加少量余土，包在塑料薄膜内用手反复搓捏，破坏其结构，重塑成与筒体相等的试样，然后按照步骤 $1\sim5$ 重新进行实验。

七、数据记录及分析

在表 10-1 中记录实验数据并进行分析。

表 10-1　实验数据记录

实验前土样高度 $h_0 =$ ＿＿＿＿＿＿ cm　　　　　　量力环系数 $C=$ ＿＿＿＿＿＿ N/0.01mm

实验前试样面积 $A_0 =$ ＿＿＿＿＿＿ cm²

轴向变形/mm	轴向应变/%	量力环读数/0.01mm	校正后面积/cm²	轴向应力/kPa	灵敏度

八、注意事项

1. 饱和黏土的抗压强度随着土密度增加而增加，并且随着含水率的增加而减小，测定无侧限抗压强度过程中要保持含水率不变。

2. 在实验中如果不具有峰值及稳定值，选取破坏值时按应变 15% 所对应的轴向应力为抗压强度。

3. 测定土的灵敏度是判断土的结构受扰动对强度的影响程度，因此重塑试样除了不具有原状试样的结构外，应当保持与原状试样相同的密度和含水率。天然结构的土经过重塑后，其结构凝聚能力全部丧失，但经过一段时间后可以恢复一部分，放置时间足够长，其恢复程度越高，所以在测灵敏度时应该立即进行重塑实验。

4. 实验时，在轴向压力作用下，试样两端由于受摩擦力的作用，试样中部会膨胀呈鼓状，造成试样内应力不均，为减小该不利影响，可在试样两端抹一薄层凡士林。

九、思考题

1. 成功完成无侧限抗压强度实验的适用条件有哪些？
2. 无侧限抗压强度实验的原理是什么？

实验十一 土的抗剪强度测定

一、直接剪切实验

(一) 实验目的

1. 掌握土的直接剪切实验原理和具体实验方法。

2. 了解实验的仪器设备，巩固抗剪强度的理论概念。

3. 测定土样在不同正压力下的抗剪强度，做出剪切曲线，并确定土的内摩擦角和黏聚力。

(二) 实验原理

土壤的抗剪强度是指耕作机械部件用各种变形的方法破坏土壤时，土壤颗粒运动所产生的最大内部阻力，土壤抗剪力包括土壤黏结力和内摩擦力。直接剪切实验是测定土的抗剪强度的一种常用方法，它可以直接测出土样在预定剪切面上的抗压强度。通常采用四个试样。直接在不同的垂直压力 P 下，施加水平剪切力进行剪切，测得剪应力与唯一的关系曲线，从曲线上找出试样的极限剪应力作为该垂直压力下的抗剪强度。然后根据库仑定律确定土的抗剪强度参数：内摩擦角 φ，黏结力 c。

土的内摩擦角和黏聚力与抗剪强度之间的关系由库仑公式［式 (11-1) 和式 (11-2)］表示：

沙性土：
$$\tau_f = \sigma \tan\varphi \tag{11-1}$$

黏性土：
$$\tau_f = \sigma \tan\varphi + c \tag{11-2}$$

式中：τ_f 为土的抗剪强度 (kPa)；σ 为法向应力 (kPa)；φ 为内摩擦角 (°)；c 为黏聚力。

(三) 实验内容

直剪实验按法向力 P 和剪力 T 是否加速或作用时间长短分成三种：①快剪实验；②固结快剪；③慢剪实验。

(四) 实验方法

1. 快剪实验（或不排水剪）　土样施加法向应力后，立即施加水平剪切力，在 3~5min 内将试样剪切破坏。在整个实验过程中不允许土样初始化含水量有所变化，即孔隙水压力保持不变。这种方法只适用于模拟现场土体较厚、透水性较差、施工较快、基本上来不及固结就被剪切破坏的情况（土的渗透系数小于 10^{-6} cm/s）。

2. 固结快剪（或固结不排水剪）　先将土样在法向应力作用下达到完全固结，然后施加水平剪切力。与快剪方法一样使土样剪切破坏，此方法只适用于模拟现场土体在自重或正常荷载条件下已达到完全固结状态，随后，又遇到到突然增加荷载或因土层较薄、透水性较差、施工快的情况。

3. 慢剪实验（或固结排水剪）　先将土样在法向应力作用下，达到完全固结。随后施加慢速剪力（剪切速度应小于 0.02mm/min）。剪切过程中使土中水能充分排出，使孔隙压力消散，直至土样剪切破坏。

（五）实验器具

1. 应变控制式直接剪切仪（图 11-1）。

2. 位移量测设备　量程为 10mm、最小分度为 0.01mm 的百分表，或准确度为全量程 0.2％的位移传感器。

3. 其他　切土刀、环刀、秒表、蜡纸、钢丝锯等。

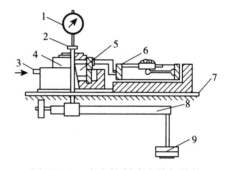

图 11-1　应变控制式直剪仪结构
1. 垂直变形百分表　2. 垂直加压框架
3. 推动座　4. 剪切盒　5. 试样
6. 测力计　7. 台板　8. 杠杆　9. 砝码

（六）操作步骤

1. 快剪实验步骤（由于课堂教学的实际需要，课堂采用快剪实验）

（1）切取试样。按工程需要用环刀切取一组试样，至少四个，并测定试样的密度及含水率。如试样需要饱和，可对试样进行抽气饱和。

（2）安装试样。对准上、下盒，插入固定销。在下盒内放不透水板。将装有试样的环刀平口向下，对准剪切盒口，在试样顶面放不透水板，然后将试样徐徐推入剪切盒，移去环刀。

（3）小心移动传送装置，使上盒前端钢珠刚好与测力计接触，按顺序放长传压板，加压框架，安装垂直位移和水平位移量测装置，位移量测装置调零，或记录初始的位移。

（4）施加垂直压力。转动手轮，使上盒前端钢珠刚好与测力计接触，调整测力计中的量表读数，使之为零。顺次加上盖板、钢珠压力框架。每组四个试样，分别在四种不同的垂直压力下进行剪切。在教学上，可取四个垂直压力分别为 100kPa、200kPa、300kPa、400kPa。对饱和试样，施加第一级荷载后应立即向容器中注满水。如是非饱和试样须用湿纱布围住容器。记录加荷时间，在实验过程中旋转手轮始终保持杠杆水平。

（5）观测读数。每级荷载每隔 1h 读测微表一次，至每小时变形量不大于 0.005mm，即认为变形稳定。

（6）进行剪切。施加垂直压力后，立即拔出固定销钉，开动秒表，以 0.8～1.2mm/min 的速率剪切（4～6r/min 的均匀速度转手轮），使试样在 3～5min 内剪损。如测力计的读数达到稳定，或有显著后退，表示试样已剪损。但一般宜剪至剪切变形达到 4mm。若测力计读数继续增加，则剪切变形应在到 6mm 为止。手轮每转一转，同时测记测力计读数并根据需要测记垂直位移计读数，直至剪损。

（7）拆卸试样。吸去剪切盒中积水，倒转手轮，尽快移去垂直压力、框架、钢珠、加压盖板等。取出试样，测定剪切面附近土的含水率。

2. 固结快剪实验步骤

（1）试样制备、安装和固结，应按快剪实验步骤进行。

（2）固结快剪实验的剪切速度为 0.8mm/min，试样在 3～5min 内剪损，其剪切步骤应按快剪步骤进行。

（3）绘制剪应力与剪切位移关系曲线，确定土的抗剪强度；再绘制抗剪强度与垂直压力关系曲线，确定土样的黏聚力与摩擦角。

3. 慢剪实验步骤

（1）试样步骤、安装应按快剪的步骤进行；安装时应使用滤纸，不需安装垂直位移量测装置。

（2）施加垂直压力，每小时测读垂直变形一次。当变形稳定为每小时不大于 0.005mm 时，可以认为试样固结变性稳定。拔去固定销，以小于 0.02mm/min 的剪切速度进行剪切，试样每产生位移 0.2～0.4mm；记录测力计和位移读数，直至测力计读数出现峰值，应剪切至剪切位移为 4mm 时停机，记下破坏值；当剪切过程中测力计读数无峰值时，应剪切至剪切位移为 6mm 时停机。

（七）数据记录及分析

1. 剪切位移 ΔL 按式（11-3）进行计算：

$$\Delta L = 20n - R \qquad (11-3)$$

式中：ΔL 为剪切位移（0.01mm）；n 为手轮转数；R 为量力环百分表读数（0.01mm）。

2. 按式（11-4）计算剪应力：

$$\tau = \frac{CR}{A_0} \times 10 \qquad (11-4)$$

式中：τ 为剪应力（kPa）；C 为测力计校正系数（kPa/0.01mm）；R 为测力计量表最大读数或位移为 4mm 时的读数，精确到 0.01mm；A_0 为试样面积（cm^2）。

3. 以剪应力 τ 为纵坐标、剪切位移为横坐标绘制剪应力与剪切位移 τ-ΔL 关系曲线（图 11-2）。取曲线上剪应力的峰值为抗剪强度；无峰值时，取剪切位移 4mm 所对应的剪应力为抗剪强度。以抗剪强度为横坐标，垂直压力为纵坐标，绘制抗剪强度与垂直压力的关系曲线（图 11-3），则直线的内摩擦角为直线的倾角，直线在纵坐标上的截距为黏聚力。

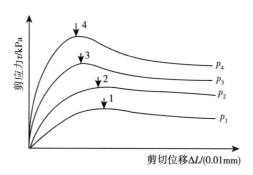

图 11-2　剪应力与剪切位移关系曲线

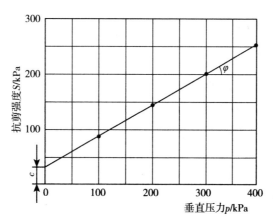

图 11-3　抗剪强度与垂直压力关系曲线

实验数据记入表 11-1。

表 11-1 直接剪切实验记录

土样编号_____　　　仪 器 编 号_____　　　实 验 者_____

土样说明_____　　　测力计率定系数_____　　　校 核 者_____

实验方法_____　　　手 轮 转 数_____　　　实验日期_____

仪器编号	垂直压力 σ/kPa	测力计读数 R（精确到 0.01mm）	抗剪强度 τ_f/kPa
	100		
	200		
	300		
	400		

（八）注意事项

1. 先安装试样，再装量表。安装试样时要用透水石把土样从环刀推进剪切盒里，实验前量表中的大指针调至零。加荷时，不要摇晃砝码；剪切时要拔出销钉。

2. 对于一般黏性土采用峰值或最后值作为破坏应变。但对高含水量、低密度的软黏土，应力-应变曲线峰值不明显，应采用剪切位移不大于 4mm 时的应变。因而应绘制剪应力与剪切位移关系曲线，选择抗剪强度。

3. 施加水平剪切力时，手轮务必要均匀连续转动，不得停顿间歇，以免引起受力不均匀。

4. 量力环不得摔打，并定期校正。

（九）思考题

1. 直接剪切实验的原理是什么？

2. 直接剪切实验的优缺点有哪些？

3. 直接剪切实验的实验仪器有哪几种？

二、三轴抗剪实验

（一）实验目的

三轴抗剪实验是测定土的抗剪强度的一种方法。对堤坝填方、路堑、岸坡等是否稳定，挡土墙和建筑物地基是否能承受一定的荷载，都与土的抗剪强度有密切的关系。实验目的如下：

1. 了解三轴剪切实验的基本原理。
2. 掌握三轴剪切实验的基本操作方法。
3. 了解三轴实验不同排水条件下的操作方法。
4. 测定土的抗剪强度参数。

（二）实验原理

土的抗剪强度是土体抵抗破坏的极限能力，即土体在各向主应力的作用下，在某一应力面上的剪应力 τ 与法向应力 σ 之比达到某一比值，土体就将沿该面发生剪切破坏。三轴抗剪实验是以摩尔-库伦强度理论为依据而设计的三轴向加压的剪力实验，常规的三轴压缩实验是取 4 个圆柱体试样，分别在其四周施加不同的周围压力（即小主应力）σ_3，随后逐渐增加轴向压力（即大主应力）σ_1，直至破坏。根据破坏时的大主应力与小主应力分别绘制莫尔圆，莫尔圆的切线就是剪应力与法向应力的关系曲线。

（三）实验内容

三轴压缩实验适用于测定黏性土和沙性土的总抗剪强度参数和有效抗剪强度参数，可分为如下三种方法：

1. 不固结不排水实验（UU）　试样在施加周围应力和随后施加偏应力，直至破坏的整个实验过程中都不允许排水，这样从开始加压直至试样剪坏，土中的含水量始终保持不变，孔隙水压力也不可能消散，可以测得总应力抗剪强度指标 c_u、φ_u。

2. 固结不排水实验（CU）　试样在施加周围压力时，允许试样充分排水，待固结稳定后，再在不排水的条件下施加轴向压力，直至试样剪切破坏，同时在受剪过程中，测得土体的孔隙水压力，可以测得总应力抗剪强度指标 c_{cu}、φ_{cu}，和有效应力抗剪强度指标 c'、φ'。

3. 固结排水实验（CD）　试样先在周围压力下排水固结，然后允许试样在充分排水的条件下增加轴向压力直至破坏，同时在实验过程中测读排水量，以计算试样的体积变化，可以测得有效应力抗剪强度指标 c_d、φ_d。

（四）实验方法

根据排水条件不同，三轴剪切实验分为不固结排水实验（UU）、固结不排水实验（CU）和固结排水实验（CD）。

1. 试样的高度、面积、体积及剪切时的面积计算公式见表 11 - 2。

表 11-2　试样的高度、面积、体积及剪切时的面积计算公式

项目	起始	固结后		剪切时校正值
		按实测固结下沉	等应变简化式	
试样高度/cm	h_0	$H_c = h_0 - \Delta h_c$	$h_c = h_0 \times \left(1 - \dfrac{\Delta V}{V_0}\right)^{1/3}$	
试样面积/cm³	A_0	$A_c = \dfrac{V_0 - \Delta V}{h_c}$	$A_c = A_0 \times \left(1 - \dfrac{\Delta V}{V_0}\right)^{2/3}$	$A_a = \dfrac{A_0}{1 - \varepsilon_1}$ （不固结不排水剪） $A_a = \dfrac{A_c}{1 - \varepsilon_1}$ （固结不排水剪） $A_a = \dfrac{V_c - \Delta V_i}{h_c - \Delta h_i}$ （固结排水剪）

注：Δh_c 为固结下沉量（cm），由轴向位移计测得；ΔV 为固结排水量（实测或实验前后试样质量差换算，cm³）；ΔV_i 为排水剪中剪切时的试样体积变化（cm³），按体变管或排水管读数求得；ε_1 为轴向应变（%）（不固结不排水剪中的 $\varepsilon_1 = \dfrac{\Delta h_i}{h_c}$）；$\Delta h_i$ 为试样剪切时高度变化（cm），由轴向位移计测得。

2. 主应力差 $\sigma_1 - \sigma_3$ 按式（11-5）计算：

$$\sigma_1 - \sigma_3 = \frac{CR}{A_a} \times 10 \tag{11-5}$$

式中：σ_1 为大主应力（kPa）；σ_3 为小主应力（kPa）；C 为测力计率定系数（N/0.01mm）；R 为测力计读数（0.01mm）；A_a 为试样剪切时的面积（cm³）；10 为单位换算系数。

3. 有效主应力比 σ'_1/σ'_3 按式（11-6）计算：

$$\frac{\sigma'_1}{\sigma'_3} = \frac{\sigma_1 - \sigma_3}{\sigma'_3} + 1 \tag{11-6}$$

式中：$\sigma'_1 = \sigma_1 - u$（kPa）；$\sigma'_3 = \sigma_3 - u$（kPa）；σ'_1、σ'_3 为有效大主应力和有效小主应力（kPa）；σ_1、σ_3 分别为大主应力与小主应力（kPa）；u 为孔隙水压力（kPa）。

4. 孔隙压力系数 B 和 A_f 按式（11-7）、（11-8）计算：

$$B = \frac{u_0}{\sigma_3} \tag{11-7}$$

$$A_f = \frac{u_f}{B(\sigma_1 - \sigma_3)} \tag{11-8}$$

式中：u_0 为试样在周围压力下产生的初始孔隙压力（kPa）；A_f 为破坏时的孔隙水压力系数；u_f 为试样在主应力差（$\sigma_1 - \sigma_3$）下产生的孔隙压力（kPa）；B 为初始孔隙水压力系数。

（五）实验器具

1. 三轴仪　三轴仪根据施加轴向荷载方式的不同，可以分为应变控制式和应力控制式两种，目前室内三轴实验基本上采用的是应变控制式三轴仪。

应变控制式三轴仪由以下几部分组成（图 11-4）：①三轴压力室。压力室是三轴仪的主要组成部分，它是由一个金属上盖、底座以及透明有机玻璃筒组成的密闭容器，压力室底座通常有 3 个小孔分别与围压系统、体积变形以及孔隙水压力量测系统相连。②轴向加荷系统。采用电动机带动多级变速的齿轮箱，或者采用可控硅无级变速，并通过传动系统使压力室自下而上移动，从而使试样承受轴向压力，其加荷速率可根据土样性质和实验方法确定。③轴向压力测量系统。施加于试样上的轴向压力由测力计测量，测力计由线性和重复性较好的金属弹性体组成，测力计的受压变形由百分表或位移传感器测读。④周

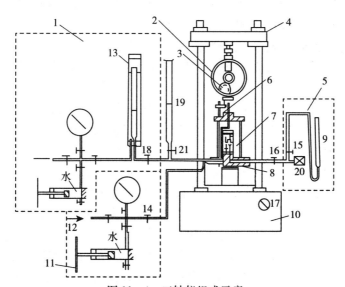

图 11-4　三轴仪组成示意

1. 反压力控制系统　2. 轴向测力计　3. 轴向位移计　4. 实验机横梁　5. 孔隙压力测量系统
6. 活塞　7. 压力室　8. 升降台　9. 量水管　10. 实验机　11. 周围压力控制系统
12. 压力源　13. 体变管　14. 周围压力阀　15. 量管阀　16. 孔隙压力阀　17. 手轮
18. 体变管阀　19. 排水管　20. 孔隙压力传感器　21. 排水秘阀

围压力稳压系统。采用调压阀控制，调压阀控制到某一固定压力后，它将压力室的压力进行自动补偿而达到稳定的周围压力。⑤孔隙水压力量测系统。孔隙水压力由孔压传感器测得。⑥轴向变形量测系统。轴向变形由距离百分表（0～30mm 百分表）或位移传感器测得。⑦反压力体变系统。它由体变管和反压力稳压控制系统组成，用以模拟土体的实际应力状态或提高试件的饱和度，以及量测试件的体积变化。

2. 附属设备 ①击实筒和饱和器；②切土盘、切土器、切土架和原状土分样器；③沙样制备模筒和承模筒；④托盘天平、游标卡尺和乳胶等。

（六）操作步骤

1. 试样的制备 根据所要求的干容重，称取制备好的重塑土。将 3 片击实筒按号码对好，套上箍圈，涂抹凡士林。粉质土分 3～5 层，黏质土分 5～8 层，分层装入击实筒击实（控制一定密度），每层用夯实筒击实一定次数，达到要求高度后，用切土刀刨毛以利于两层面之间结合（各层重复）。击实最后一层后，加套模，将试样两端整平，拆去箍圈，分片推出击实筒，并要注意不要损坏试样，各试样的容重差值不大于 $0.3N/cm^3$。对于沙土，应先在压力室底座上依次放上透水石、滤纸、乳胶薄膜和对开圆模筒，然后根据一定的密度要求，分三层装入圆模筒击实。如果制备饱和沙样，可在圆模筒内通入纯水至 1/3 高，将预先煮沸的沙料填入，重复此步骤，使沙样达到预定高度，放在滤纸、透水石、顶帽，扎紧乳胶膜。为使试样能站立，应对试样内部施加 $0.05kg/cm^2$（5kPa）的负压力或用量水管降低 50cm 水头即可，然后拆除对开圆模筒。

2. 原状试样 将原状土制备成略大于试样直径和高度的毛坯，置于切土器内用钢丝锯或切土刀边削边旋转，直到满足试件的直径，然后按要求的高度切除两端多余土样。

3. 试样饱和 ①真空抽气饱和法。一种是将制备好的土样装入饱和器，置于真空饱和缸，为提高真空度可在盖缝中涂一层凡士林以防漏气。将真空抽气机与真空饱和缸接通，开动抽气机，当真空压力达到一个大气压力，微微开启管夹，使清水徐徐注入真空饱和缸的试样中，待水面超过土样饱和器后，使真空表压力保持一个大气压力不变，即可停止抽气。然后静置一段时间，粉性土大约 10h 左右，使试样充分吸水饱和。另一种抽气饱和办法，是将试样装入饱和器后，先浸没在带有清水注入的真空饱和缸，连续真空抽气 2～4h（黏土），然后停止抽气，静置 1h 左右即可。②水头饱和法。将试样装入压力室，施加 $0.2kg/cm^2$（20kPa）周围压力，使无气泡的水从试样底座进入，待上部溢出，水头高差一般在 1m 左右，直至流入水量和溢出水量相等。③反压力饱和法。试件在不固结不排水条件下，使土样顶部施加反压力，但试样周围应施加侧压力，反压力应低于侧压力的 $0.05\mathrm{kg/cm^2}$ （5kPa），当试样底部孔隙压力达到稳定后关闭反压力阀，再施加侧压力，当增加的侧压力与增加的孔隙压力其比值 $\Delta\mu/\Delta\sigma_3 > 0.95$ 时认为是饱和的，否则再增加反压力和侧压力使土体内气泡继续缩小，然后再重复上述测定 $\Delta\mu/\Delta\sigma_3$ 是否大于 0.95，即相当于饱和度大于 95%。

4. 仪器检查　对仪器各部分进行全面检查，周围压力系统、反压力系统、孔隙水压力系统、轴向压力系统是否能正常工作，排水管路是否畅通，管路阀门连接处有无漏水漏气现象。乳胶膜是否有漏水漏气现象。①周围压力的量测准确度为全量程的 1%，根据试样的强度大小选择不同量程的测力计，应使最大轴向压力的准确度不低于 1%。②孔隙水压力量测系统内的气泡应完全排除，系统内的气泡可用纯水或施加压力使气泡溶于水，并从试样底座溢出；测量系统的体积因数应小于 $1.5 \times 10^{-5}\ \mathrm{cm^3/kPa}$。③管路应畅通，各连接处应无漏水，压力室活塞杆在轴套内应能滑动。④在使用前，应仔细检查皮膜，方法是扎紧两端，向膜内充气，在水中检查，应无气泡溢出，方可使用。

5. 在压力室的底座上，依次放上不透水板、试样及不透水试样帽；将橡皮膜套在承膜筒内，将两端翻出膜外，从吸气孔吸气，使橡皮膜贴紧承膜筒内壁，然后套在试样外，放气，翻起橡皮膜，取出承膜筒，用橡皮圈将橡皮膜分别扎紧在压力室底座和试样帽上。

6. 装上压力室外罩，安装时应先将活塞提高，以防碰撞试样，然后将活塞对准试样帽中心，并旋紧压力室密封螺帽，再将量力环对准活塞。

7. 打开压力室外罩顶面排气孔，向压力室充水。当压力室快注满水时，降低进水速度；水从排水孔溢出时，关闭周围压力阀，旋紧排气孔螺栓。

8. 打开周围压力阀，施加所需的周围压力，周围压力的大小应与工程的实际荷重相适应，并尽可能使最大周围压力与土体的最大实际荷重大致相等，也可按 100kPa、200kPa、300kPa、400kPa 压力施加。

9. 旋转手轮，当量力环的量表微动，表示活塞与试样接触，然后将测力环量表和轴向位移量表的指针调整到零位。

10. 启动电动机，合上离合器，开始剪切，剪切速率宜为每分钟应变 0.5%～1.0%（或 0.2mm 变形值）。开始阶段，试样每产生垂直应变 0.3%～0.4%（或 0.2mm 变形值）时记测力环量表读数和垂直位移量表读数各一次。当轴向应变大于 3% 时，试样每产生 0.7%～0.8% 的轴向应变（或 0.5mm 变形值）测记一次。剪切应变速率如表 11-3 所示。

表 11-3　剪切应变速率

实验方法	剪切应变速率/（%/min）	备注
UU 实验	0.5~1.0	
CU 实验	0.5~1.0	
CD 实验	0.012~0.003	

11. 当测力计读数出现峰值后，剪切应继续进行至超过 5% 的轴向应变为止。当测力计读数无峰值时，剪切应进行到轴向应变为 15%~20%。

12. 实验结束后，关闭电动机，关闭周围压力阀，脱开离合器，将离合器调至粗位，倒转手轮，将压力室降下，然后打开排气阀，排除压力室内的水，拆卸压力室外罩，拆除试样，描述试样破坏的形状，称量试样质量，并测定实验后的含水率。

13. 重复以上步骤，分别在不同的围压下进行第二、三、四个试样的实验。

固结不排水实验：试样在施加周围压力和随后施加竖向压力直至剪切破坏的整个过程中都不允许排水，实验自始至终关闭排水阀门。试样在施加周围压力 σ_3 时允许排水固结稳定后，其他步骤如不固结不排水实验。

固结排水剪实验：试样在施加周围压力 σ_3 时允许排水固结，待固结稳定后，再在排水条件下施加竖向压力至试件剪切破坏。其他步骤如不固结不排水实验。

（七）数据记录及分析

根据需要分别绘制主应力差 $\sigma_1-\sigma_3$ 与轴向应变 ε_1 的关系曲线（图 11-5）、有效主应力比 σ'_1/σ'_3 与轴向应变 ε_1 的关系曲线（图 11-6）、孔隙压力 u 与轴向应变 ε_1 的关系曲线（图 11-7）、用 $\dfrac{\sigma'_1-\sigma'_3}{2}\left(\dfrac{\sigma_1-\sigma_3}{2}\right)$ 与 $\dfrac{\sigma'_1+\sigma'_3}{2}\left(\dfrac{\sigma_1+\sigma_3}{2}\right)$ 作坐标的应力路径关系曲线（图 11-8）。

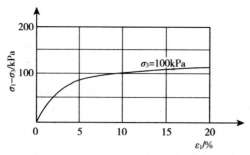

图 11-5　主应力差（$\sigma_1-\sigma_3$）与轴向应变 ε_1 关系曲线

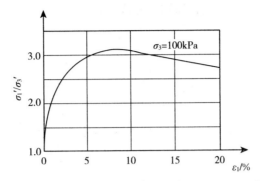

图 11-6 有效主应力比 σ'_1/σ'_3 与轴向应变 ε_1 关系曲线

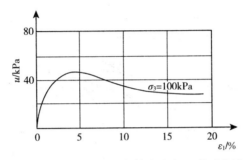

图 11-7 孔隙压力 u 与轴向应变 ε_1 关系曲线

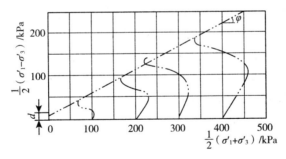

图 11-8 应力路径关系曲线（正常固结黏土）

以 $\sigma_1-\sigma_3$ 或 σ'_1/σ'_3 的峰点值作为破坏点。如 $\sigma_1-\sigma_3$ 和 σ'_1/σ'_3 均无峰值，应以应力路径的密集点或按一定轴向应变（一般可取 $\varepsilon_1=15\%$，经过论证也可根据工程情况选取破坏应变）相应的 $\sigma_1-\sigma_3$ 或 σ'_1/σ'_3 作为破坏强度值。

1. 对于不固结不排水剪切实验及固结不排水剪切实验，以法向应力 σ 为横坐标，剪应力 τ 为纵坐标。在横坐标上以 $\dfrac{\sigma_{1f}+\sigma_{3f}}{2}$ 为圆心、$\dfrac{\sigma_{1f}-\sigma_{3f}}{2}$ 为半径（f 注脚表示破坏时的值），绘制破坏总应力圆后，作诸圆包线。该包线的倾角

为内摩擦角 φ_u 或 φ_{cu}。包线在纵轴上的截距力、黏聚力 c_u 或 c_{cu} 见图 11-9、图 11-10。

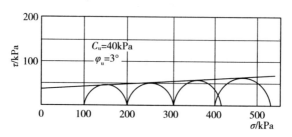

图 11-9　不固结不排水剪强度包线

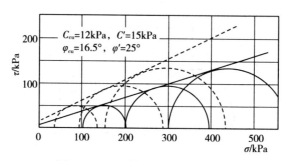

图 11-10　固结不排水剪强度包线

2. 在固结不排水剪切中测孔隙压力，则可确定试样破坏时的有效应力。以有效应力 σ 绘制不同周围压力下的有效破坏应力圆后，作诸圆包线，包线的倾角为有效内摩擦角 φ'，包线在纵轴上的截距为有效黏聚力 c'。

3. 在排水剪切实验中，孔隙压力等于零，抗剪强度包线的倾角和纵轴上的截距分别以 φ_d 和 C_d 表示，如图 11-11 所示。

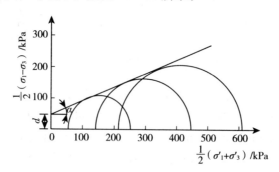

图 11-11　固结排水剪测强度包线

4. 如各应力圆无规律，难以绘制各圆的强度包线，可按应力路径取值，值以$\dfrac{\sigma_1-\sigma_3}{2}\left(\dfrac{\sigma'_1-\sigma'_3}{2}\right)$作纵坐标，$\dfrac{\sigma'_1+\sigma'_3}{2}\left(\dfrac{\sigma_1+\sigma_3}{2}\right)$作横坐标，绘制应力圆，作通过各圆之圆顶点的平均直线，见图 11-12。根据直线的倾角及在纵坐标上的截距，按式（11-9）和式（11-10）计算 φ' 和 c'：

$$\varphi = \arcsin\tan\alpha \qquad (11-9)$$

$$c' = \frac{d}{\cos\varphi'} \qquad (11-10)$$

式中：α 为平均直线的倾角（°）；d 为平均直线在纵轴上的截距（kPa）。

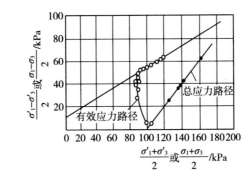

图 11-12　应力路径曲线

在表 11-4 中记录实验数据。

表 11-4　三轴压缩实验记录

参数	实验前	实验后	钢环系数/（N/0.01mm）	
试样面积/cm²			剪切速率/（mm/min）	
试样高度/m			周围压力/kPa	
试样体积/cm³			初始孔隙水压力/kPa	
试样质量 m/g			试样破坏描述	
密度 ρ/（g/cm³）				
含水率/%				
不固结不排水				

轴变形/0.01mm	轴向应变 ε/%	校正后面积 $\dfrac{A_0}{1-\varepsilon}$/cm	轴向应力/0.01mm	试样破坏描述/kPa

（续）

固结排水			
经过时间/（h/min/s）	孔隙水压力/kPa	量筒读数/mL	排出水量/mL

固结不排水剪切										
轴向变形/0.01mm	轴向应变 ε/%	校正面积/cm²	钢环系数/0.01mm	$-\sigma_3$	μ/kPa	σ'_1/kPa	σ'_3/kPa	$\dfrac{\sigma_1}{\sigma_3}$	$\dfrac{\sigma'_1-\sigma'_3}{2}$ /kPa	$\dfrac{\sigma'_1+\sigma'_3}{2}$ /kPa

（八）注意事项

1. 操作前应仔细检查实验仪器。检查仪器各部分以及配套设备是否工作正常，确认量力环等量测仪器的精度等。

2. 若用原状试样，应仔细小心取土，选取扰动最少的部分，尽量减少对土体结构的扰动，保持含水量不变。

3. 在实验过程中应注意仪器读数。可将读数粗略绘制成图，以便根据实验进行的大致情况做出调整。

（九）思考题

1. 与直接剪切实验相比，三轴剪切实验有哪些优点？
2. 各种实验方法在实际应用中的适应性怎么区分？

附　　录

附录一　设计实验

设计实验一　根系抗拉强度测定

一、实验目的

树木根系的生长和形态分布十分复杂，树种不同、根系粗细不同或拉伸条件改变，根系的抗拉力学特征和所发挥的固土能力也不相同。如何选择适宜固坡树种，是水土保持造林的关键。

二、实验原理

本实验采用的是微机控制电子式万能实验机，型号为 WDW-100E（附图 1-1）。仪器最大实验力为 100kN，全程自动换挡，速度范围 0.001～500mm/min，无级调速，实验力及位移准确度为 ±0.5%。根系拉伸实验还没有具体的国家标准，本研究的实验设计要参考《金属材料室温拉伸实验方法》（GB/T 228—2002）。实验要求根段必须在中间部位断裂，实验才视为成功，如果根段从两端夹具滑脱或者破坏，均视为失败。按式（附 1-1）～式（附 1-4）计算：

$$\sigma = \frac{4F}{\pi D^2} \qquad (\text{附 } 1-1)$$

$$P = \frac{4F}{\pi D^2} \qquad (\text{附 } 1-2)$$

$$\varepsilon = \frac{\Delta L}{L} \qquad (\text{附 } 1-3)$$

$$E_{0.4} = \frac{\sigma_{0.4}}{\varepsilon_{0.4}} \qquad (\text{附 } 1-4)$$

附图 1-1　WDW-100E 型微机控制
电子式万能实验机

式中：σ 为应力（MPa）；P 为根系抗拉强度（MPa）；F 在计算 P 时为最大抗拉力，在计算 σ 时为抗拉力（N）；极限应力 σ 数值与抗拉强度 P 值相等；D 为根系平均直径（mm）；因为测定根系在拉伸过程中其截面积及其变化存在一定困难，故采用 Lagrange 的定义，认为实验过程中的直径都为根系加载前的直径（mm）；ε 为纵向线应变即延伸率，ΔL 为根系拉伸时的伸长量（mm）；L 为根系的原始长度（mm）；$E_{0.4}$ 为抗拉强度极限 40% 时的弹性模量（MPa），一般而言，植物弹性极限为抗拉强度极限的 50%～70%（刘秀萍等，2006），所以本实验弹性模量取 40% 极限应力时的抗拉割线模量，

$$E_{0.4} = \frac{\sigma_{0.4}}{\varepsilon_{0.4}}。$$

三、实验内容

1. 瞬时拉力下植物单根抗拉力与抗拉强度的研究。
2. 瞬时拉力下植物单根变形特性的研究。
3. 植物单根抗拉特性影响因素的研究。

四、实验方法

1. 标准株的选择　在实验区，选择生长良好、分布均匀的植物，每种植物随机抽取 20 株，对每株植物重复 3 次测量其高度、地径、冠幅等指标，取各指标的均值作为衡量该株植物的综合指标。在各样地内选取与综合指标相近的 3～4 年生植株作为标准株。

2. 实验材料的采集　将标准株根系采用整株挖掘法取样。采用逐步收缩法向中间取土逐渐挖出根系，采样过程中尽量避免对根系的机械损伤，采集主根系时应先把根系表面的土层去掉，从基部切断后水平整体拖出，以保证根系的完整性。选出的根系用游标卡尺逐一量测、分级。

取样完毕，将根系置于低温保存，以保持根的鲜活性，并尽快完成实验。

3. 根系的拉伸实验。

五、实验器具

微机控制电子式万能实验机、电子游标卡尺、直尺等。

六、操作步骤

1. 直径测定　实验时选取表皮完好无损、直径变化不大的根系，在根系上做 3 个标记，分为 4 个部分。用游标卡尺依次测量 3 个点处直径，然后取其平均值作为该根段的直径值，因为部分根系断裂面参差不齐，并且伴有颈缩现象，直径测试困难，所以实验过程中的直径都统一为根系加载前的平均直径。

2. 根系固定　调整万能实验机为设定标距，将根段两端伸入夹具 3cm 左右，拧紧夹具将根段固定，在夹根系时要注意置于夹头的中间部位，而且要使根系和水平面保持垂直，否则不能测出最大拉力。

3. 数据记录 数据采集仪通过传感器自动获取数据，记录根系拉伸实验的全过程，包括应力应变曲线、负荷-时间曲线和负荷-位移曲线，获取根系的各项基本力学指标。

七、数据记录及分析

在附表1-1和附表1-2中记录实验数据并进行分析。

附表1-1 每株植物检尺调查

树种	胸径/cm	冠长/m	冠幅东西	冠幅南北	平均冠幅	备注

附表1-2 每株植物根径测量

编号	根径			平均根径	所属径级	长度	抗拉强度		平均抗拉强度
1									
2									
3									

根径级范围分为五组：1～3mm、3～5mm、5～10mm、10～20mm和>20mm。

八、注意事项

1. 野外采集样本时需小心保护，应及时处理，防止根系干枯。
2. 根据植物种类不同，一起拉伸速率不同。

九、思考题

1. 叙述野外采样的操作方法。
2. 根系抗拉强度测定的意义是什么？

根系的抗拉强度测定实验记录

记录编号＿＿＿＿＿＿＿＿＿＿　　　取样地点＿＿＿＿＿＿＿＿＿＿

根样编号＿＿＿＿＿＿＿＿＿＿　　　实验日期＿＿＿＿＿＿＿＿＿＿

实验目的							
实验原理							
仪器设备及环境条件	仪器设备名称	型号	管理编号	示值范围	分辨率	温度/℃	相对湿度/％
样品状态描述			采用标准				
根样编号	平均根径		平均抗拉强度		峰值应变	延伸率/％	弹性模量
1							
2							
3							

附注：

计算＿＿＿＿＿＿＿＿＿＿　　　　　　　　　　　　复核＿＿＿＿＿＿＿＿＿＿

设计实验二　根-土复合体抗剪强度测试

一、实验目的

植物提高根系固土能力，主要用土壤的抗剪强度提高值来衡量，一般通过剪切实验得到，剪切的方法有室内快速直剪实验、三轴实验以及野外的原位剪切实验。很多学者对不同种类植物的根系进行了剪切实验，结果均表明：根-土复合体的抗剪强度与穿过剪切面的含根量有着直接的关系，抗剪强度随含根量的增加而提高。根系的固土作用主要表现在对土壤抗剪强度的提高上。根系与土壤紧密结合形成一个特殊复合材料。Kassi KoPeloitz、Waldron 和 Dakessian、程洪等、陈昌富及刘秀萍通过实验比较了有根系土壤与无根系土壤的抗剪强度，结果均表明，根-土系复合体可以明显提高土体的抗剪强度。通过对根-土复合体抗剪能力与素土抗剪能力的实验相比，观察根系对土壤抗剪强度的影响，从而为理论上研究土壤-根系复合体的力学特性和本构关系提供数据支撑。

二、实验原理

地质力学模型实验主要分为两类，一类是离心模型实验，但实验费用一般都较高，而且离心实验的离心力并不适合作为根-土复合体的荷载，另一类是普通的地质力学模型实验。在借鉴 Thompson 等思路的基础上，总结自制了一个如附图 1-2 所示的直剪模型设备。该实验具有简单、经济、易行等特点，而且还能获得比较好的实验结果。通过前者实践也发现证实，在讨论根系固土效果的实验中，较大型的直剪模型能比较好地反映真实的根系增强土壤的情况。

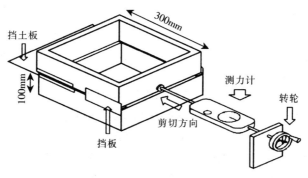

附图 1-2　大型直剪盒

将实验用的土按要求的密度装入由上、下盒组成的刚性直剪盒，在某一垂直压力下盒发生位移，上、下盒错开，土体承受剪应力，直至发生剪切破坏，测出在该垂直压应力下的最大剪应力，即抗剪强度。用同样的方法，在不同垂直压应力 P 下测得不同的抗剪强度，然后根据库仑定律确定土的抗剪强度指标——内摩擦角和黏聚力 c。库仑定律的数学表达式为

$$\tau = \sigma \tan\varphi$$
$$\tau = c + \sigma \tan\varphi$$

式中：τ 为土的抗剪强度（kPa），σ 为剪切面上的垂直应力（kPa）；φ 为土的内摩擦角（°）；c 为土的黏聚力（kPa）。

三、实验内容

通过对根-土复合体抗剪能力与素土抗剪能力的实验对比，观察根系对土壤抗剪强度的影响，从而为理论上研究根-土系复合体的力学特性和本构关系提供数据支撑。

四、实验方法

主要采用自制直剪盒在室内完成实验，关于直剪盒的设计主要分为两部分：

（1）剪切组成系统。主要由上下直剪盒、上盒盖、挡板、导轨组成，总高度为 200mm，其中上盒为 100mm，下盒为 100mm，盒体材料为 5mm 厚的 PVC 板，盒体内部抛光打磨。下直剪盒通过螺栓与钢底板固定在地面上，整个直剪实验中，下直剪盒固定不动，见附图 1-2。

上、下直剪盒之间在滑动方向的盒壁上安放有钢珠，下盒壁滑动方向有凹槽，使其可以放入钢珠。下盒壁外侧安装有挡板，使上盒在剪切过程中不会发生侧滑，导致其从钢珠上滑出。反复测试上盒可以在钢珠上自由滑动，自由滑动时摩擦力为 4.6N。

在上盒侧面安置有螺栓。为避免模型填筑过程中上剪切盒发生滑动，可通过螺栓将上剪切盒临时性固定于下剪切盒上。在实验过程中，上盒盖仅仅用于压实土壤到自然状态下的紧实度即可，剪切过程中并无上盒盖，保证其剪切时的状况与自然状况一致。

（2）测力系统。上盒水平运动推力直接来自测力计，在实验进行时尽量使水平推力计的推力作用线接近剪切缝的中心线。也就是说，在推力计测试端安装刚度很大的钢头，让其直接作用于上盒的底部，并且在上盒底部安置钢条，使其作用的推力尽可能全部作用于剪切缝的中心线。推力计安装在带有转轮的水平支架上，转轮转动一圈，测力计推动的位移为 1mm。

五、实验器具

大型剪切盒剪切系统（王云琦等，2006）、土铲、土刀、数据记录板。

六、实验步骤

（一）素土抗剪

1. 将自制直剪盒置于平台上，调节设备水平，仪器平稳后检查上、下盒滑动是否灵活、无异物卡阻。转动手轮，使上盒前端钢铰与量力环接触，调整测力计读数为零。

2. 从原状土中按规程切出土样放入直剪盒。

3. 先使实验受某一级垂直压力作用，紧接着以 0.8mm/min 的剪切速率水平平稳摇动转轮，从上盒施加剪切力，直至剪损（一般在 3～5min 完成）。

4. 从测力计上记录发生剪损时所施加的剪切力。

5. 实验完成，切勿移动上、下盒，在最后状态下取出已测土样，以免土粒进入滑动凹槽。取出后认真清洗，转动转轮，上、下盒归位。

（二）根-土复合体抗剪

1. 待实验土样设置

（1）测定同种植物根系、相同根径级、相同根系密度下的抗剪强度。在实验要求规程土样中，挑选处理长度（100mm）相同根径级的同种根系，按照长宽间隔 10mm 的距离，依次整齐地、垂直插入待实验土样。

（2）植株活体根系抗剪。在研究区，选取还处在生长期的典型植物的幼苗，完整挖掘后带回实验室培养（培养所用土壤均为研究区土样），待幼苗长至成年，按照要求切出土样规程的待实验土样。

2. 其余步骤同"（一）素土抗剪"。

七、数据记录及分析

$$\tau = \frac{F-f}{S}$$

式中：τ 为抗剪强度（Pa）；F 为推力（N）；f 为上、下盒自由滑动时摩擦力（4.6N）；S 为抗剪切面积（即盒面积 0.3m×0.3m）。

在附表 1-3 中记录实验数据。

附表 1-3　植物固土抗剪强度实验记录

工程名称＿＿＿＿＿　　试样高度＿＿＿＿＿　　土壤含水＿＿＿＿＿　　实验者＿＿＿＿＿

土样编号＿＿＿＿＿　　试样面积＿＿＿＿＿　　土壤黏性＿＿＿＿＿　　校核者＿＿＿＿＿

土样说明＿＿＿＿＿　　根系径级＿＿＿＿＿　　根系种类＿＿＿＿＿　　实验日期＿＿＿＿＿

根系径级/mm	根系密度/%	测力计读数 F/N	转轮转动圈数	抗剪强度 τ/Pa

八、注意事项

1. 为了减少刚性剪切盒对试料颗粒在剪切破坏移动的约束，试样尺寸必须与试料粒径间满足一定的比例关系。

2. 注意上、下盒之间滑动槽的顺畅，实验之后仔细清扫。

根-土复合体抗剪强度测试实验记录

记录编号＿＿＿＿＿＿＿　　　　取样地点＿＿＿＿＿＿＿

土样编号＿＿＿＿＿＿＿　　　　实验日期＿＿＿＿＿＿＿

实验目的							
实验原理							
仪器设备及环境条件	仪器设备名称	型号	管理编号	示值范围	分辨率	温度/℃	相对湿度/%
样品状态描述			采用标准				

根系径级/mm	根系密度/%	测力读数/N	转轮动圈数	抗剪强度/(τ/Pa)

附注：

计算＿＿＿＿＿＿＿　　　　　　　　　　　　　　复核＿＿＿＿＿＿＿

附录二　实验报告
实验一　土的密度测定

记录编号＿＿＿＿＿＿＿　　　　取样地点＿＿＿＿＿＿＿

土样编号＿＿＿＿＿＿＿　　　　实验日期＿＿＿＿＿＿＿

实验目的							
实验原理							
仪器设备及环境条件	仪器设备名称	型号	管理编号	示值范围	分辨率	温度/℃	相对湿度/%
样品状态描述			采用标准				

土样编号	环刀编号	环刀加湿土质量 m_1/g	环刀质量 m_2/g	湿土质量 m/g	环刀体积 V/cm³	密度/(g/cm³)

计算＿＿＿＿＿＿＿　　　　　　　　　　　　　　　　　　　复核＿＿＿＿＿＿＿

实验二　土的含水量测定

记录编号＿＿＿＿＿＿＿＿　　　　取样地点＿＿＿＿＿＿＿＿

土样编号＿＿＿＿＿＿＿＿　　　　实验日期＿＿＿＿＿＿＿＿

实验目的	
实验原理	

	仪器设备名称	型号	管理编号	示值范围	分辨率	温度/℃	相对湿度/％
仪器设备及环境条件							

样品状态描述		采用标准	

土样编号	盒号	盒质量 g_0	盒加湿土质量 g_1	盒加干土质量 g_2	水质量 g_1-g_2	干土质量 g_2-g_0

计算＿＿＿＿＿＿＿＿　　　　　　　　　　　　　复核＿＿＿＿＿＿＿＿

实验三　土的相对密度测定

记录编号＿＿＿＿＿＿＿＿　　　　　取样地点＿＿＿＿＿＿＿＿

土样编号＿＿＿＿＿＿＿＿　　　　　实验日期＿＿＿＿＿＿＿＿

实验目的							
实验原理							
仪器设备及环境条件	仪器设备名称	型号	管理编号	示值范围	分辨率	温度/℃	相对湿度/%
样品状态描述				采用标准			

土样编号	比重瓶号	温度/℃	液体的相对密度 G_{iT}	瓶质量/g	瓶＋土总质量/g	土质量/g	瓶＋液体质量/g	瓶＋液体＋土质量/g	与干土同体积的液体质量/g	相对密度	平均相对密度

附注：

计算＿＿＿＿＿＿＿＿　　　　　　　　　　　　　　复核＿＿＿＿＿＿＿＿

实验四　土的颗粒级配的测定

方法一　颗粒大小分析（筛析法）

记录编号＿＿＿＿＿＿＿＿　　　　取样地点＿＿＿＿＿＿＿＿

土样编号＿＿＿＿＿＿＿＿　　　　实验日期＿＿＿＿＿＿＿＿

实验目的							
实验原理							
仪器设备及环境条件	仪器设备名称	型号	管理编号	示值范围	分辨率	温度/℃	相对湿度/%
样品状态描述			采用标准				

筛号	孔径/mm	累积留筛土质量/g	小于该孔径的土质量/g	小于该孔径的土质量百分数/%	小于该孔径的总土质量百分数/%
底盘总计					

附注：

计算＿＿＿＿＿＿＿＿　　　　　　　　　　　复核＿＿＿＿＿＿＿＿

方法二　颗粒大小分析（比重计法）

记录编号＿＿＿＿＿＿＿　　　取样地点＿＿＿＿＿＿＿

土样编号＿＿＿＿＿＿＿　　　实验日期＿＿＿＿＿＿＿

实验目的							
实验原理							
仪器设备及环境条件	仪器设备名称	型号	管理编号	示值范围	分辨率	温度/℃	相对湿度/%
样品状态描述			采用标准				

实验时间	下沉时间 t/min	悬液温度 T/℃	比重计读数				土粒落距 L/cm	粒径 d/mm	小于某粒径的土质量百分数/%	小于某粒径的总土质量百分数/%
			比重计读数 R	温度校正值 m	分散剂校正值 C_D	$R_M=$ $R+m+$ $n-C_D$	$R_H=$ $R_M C_D$				

附注：

计算＿＿＿＿＿＿＿　　　　　　　　　　　　　　　复核＿＿＿＿＿＿＿

方法三　颗粒大小分析（移液管法）

记录编号＿＿＿＿＿＿＿　　　　取样地点＿＿＿＿＿＿＿

土样编号＿＿＿＿＿＿＿　　　　实验日期＿＿＿＿＿＿＿

实验目的							
实验原理							

仪器设备及环境条件	仪器设备名称	型号	管理编号	示值范围	分辨率	温度/℃	相对湿度/%

样品状态描述		采用标准	

粒径/mm	杯号	杯＋土质量/g	杯质量/g	吸管内质量/g	1 000mL量筒内土质量/g	小于某粒径土质量百分数/%	小于某粒径土占总土质量百分数/%
＜0.05							
＜0.01							
＜0.005							

附注：

计算＿＿＿＿＿＿＿　　　　　　　　　　　　　　复核＿＿＿＿＿＿＿

实验五 粗粒土的休止角测定

记录编号＿＿＿＿＿＿＿＿ 取样地点＿＿＿＿＿＿＿＿

土样编号＿＿＿＿＿＿＿＿ 实验日期＿＿＿＿＿＿＿＿

实验目的							
实验原理							
仪器设备及环境条件	仪器设备名称	型号	管理编号	示值范围	分辨率	温度/℃	相对湿度/%
样品状态描述			采用标准				

粒径/mm	沙粒重量/g	含水率/%	沙堆角度/°	休止角/°		
				最大	最小	平均
0.074～0.10						
0.10～0.25						
0.25～0.50						
0.50～1.00						
1.00～2.00						

附注：

计算＿＿＿＿＿＿＿＿ 复核＿＿＿＿＿＿＿＿

实验六　土的界限含水率测定

方法一　液限、塑限联合测定法

记录编号＿＿＿＿＿＿＿　　　　取样地点＿＿＿＿＿＿＿

土样编号＿＿＿＿＿＿＿　　　　实验日期＿＿＿＿＿＿＿

实验目的							
实验原理							
仪器设备及环境条件	仪器设备名称	型号	管理编号	示值范围	分辨率	温度/℃	相对湿度/%
样品状态描述			采用标准				

土样编号	圆锥下沉深度/mm	盒号	盒质量/g	盒＋湿土总质量/g	盒＋干土总质量/g	水质量/g	干土质量/g	含水率/%	液限/%	塑限/%	液性指数 I_L	塑性指数 I_P	土的分类

附注：

计算＿＿＿＿＿＿＿　　　　　　　　　　　　　复核＿＿＿＿＿＿＿

方法二　碟式仪测液限实验法

记录编号＿＿＿＿＿＿＿　　　　　取样地点＿＿＿＿＿＿＿

土样编号＿＿＿＿＿＿＿　　　　　实验日期＿＿＿＿＿＿＿

实验目的							
实验原理							
仪器设备及环境条件	仪器设备名称	型号	管理编号	示值范围	分辨率	温度/℃	相对湿度/％
样品状态描述			采用标准				

不同含水率土样编号	铜碟击数	盒号	N击下土质量/g	干土质量/g	含水率/％	液限/％

附注：＿＿＿＿＿＿＿＿＿＿＿＿＿＿＿＿＿＿＿＿＿＿＿

计算＿＿＿＿＿＿＿＿＿＿　　　　　　　　　复核＿＿＿＿＿＿＿＿＿＿

方法三 圆锥测液限实验法

记录编号＿＿＿＿＿＿＿＿　　取样地点＿＿＿＿＿＿＿＿

土样编号＿＿＿＿＿＿＿＿　　实验日期＿＿＿＿＿＿＿＿

实验目的							
实验原理							

仪器设备及环境条件	仪器设备名称	型号	管理编号	示值范围	分辨率	温度/℃	相对湿度/%

样品状态描述			采用标准				

土样编号	盒号	盒质量/g	盒＋湿土质量/g	盒＋干土质量/g	含水率/%	液限/%

附注：

计算＿＿＿＿＿＿＿＿　　　　　　　　　　　　　复核＿＿＿＿＿＿＿＿

方法四　滚搓测塑限实验法

记录编号_____　　　　取样地点_____

土样编号_____　　　　实验日期_____

实验目的	
实验原理	

仪器设备及环境条件	仪器设备名称	型号	管理编号	示值范围	分辨率	温度/℃	相对湿度/%

样品状态描述				采集标准	

土样编号	盒号	盒质量/g	湿土质量/g	干土质量/g	含水率/%	塑限/%

附注：

计算_____　　　　　　　　　　复核_____

方法五 收缩皿测塑限实验法

记录编号_____ 取样地点_____

土样编号_____ 实验日期_____

实验目的	
实验原理	

	仪器设备名称	型号	管理编号	示值范围	分辨率	温度/℃	相对湿度/%
仪器设备及环境条件							

样品状态描述		采用标准	

土样编号	收缩皿质量/g	收缩皿＋湿土质量/g	收缩皿＋干土质量/g	含水率/%	湿土体积/cm³	干土体积/cm³	塑限/%

附注：

计算_____ 复核_____

实验七　土的击实性测定

记录编号_____　　　　取样地点_____

土样编号_____　　　　实验日期_____

实验目的							
实验原理							
仪器设备及环境条件	仪器设备名称	型号	管理编号	示值范围	分辨率	温度/℃	相对湿度/%
样品状态描述			采用标准				

土样编号	干密度					含水率						
	筒＋土质量/g	筒质量/g	湿土质量/g	密度/(g/cm³)	干密度/(g/cm³)	盒号	盒＋湿土总质量/g	盒＋干土总质量/g	盒质量/g	水的质量/g	干土质量/g	含水率/%	平均含水率/%

附注：

计算_____　　　　　　　　　　　复核_____

实验八　土的渗透性测定

方法一　常水头渗透实验

记录编号＿＿＿＿＿＿＿＿　　　　取样地点＿＿＿＿＿＿＿＿

土样编号＿＿＿＿＿＿＿＿　　　　实验日期＿＿＿＿＿＿＿＿

实验目的							
实验原理							

仪器设备及环境条件	仪器设备名称	型号	管理编号	示值范围	分辨率	温度/℃	相对湿度/％

样品状态描述		采用标准	

实验次数	经过时间	测压管水位			水位差			水力坡降	渗水量/cm	渗透系数/(cm/s)	水温/℃	校正系数	水温20℃时的渗透系数/(cm/s)	平均渗透系数/(cm/s)
		Ⅰ	Ⅱ	Ⅲ	H_1	H_2	平均							

附注：

计算＿＿＿＿＿＿＿＿＿　　　　　　　　　　　　复核＿＿＿＿＿＿＿＿＿

方法二 变水头渗透实验

记录编号＿＿＿＿＿＿＿＿　　　　取样地点＿＿＿＿＿＿＿＿

土样编号＿＿＿＿＿＿＿＿　　　　实验日期＿＿＿＿＿＿＿＿

实验目的								
实验原理								
仪器设备及环境条件	仪器设备名称	型号	管理编号	示值范围	分辨率	温度/℃		相对湿度/％
样品状态描述				采用标准				

开始时间 t_1/s	终止时间 t_2/s	经过时间 t/s	开始水头 H_1/cm	终止水头 H_2/cm	2.3	温度 T 时的渗透系数 /(cm/s)	水温 /℃	校正系数	水温 20℃时的渗透系数	平均渗透系数 /(cm/s)

计算＿＿＿＿＿＿＿＿　　　　　　　　　　　　　　复核＿＿＿＿＿＿＿＿

实验九　土的压缩性测定

记录编号＿＿＿＿＿＿＿　　　　取样地点＿＿＿＿＿＿＿

土样编号＿＿＿＿＿＿＿　　　　实验日期＿＿＿＿＿＿＿

实验目的								
实验原理								

仪器设备及环境条件	仪器设备名称	型号	管理编号	示值范围	分辨率	温度/℃	相对湿度/%	

样品状态描述			采用标准					

加压历时/h	压力/kPa	试样总变形量/mm	压缩后试样高度/mm	孔隙比	压缩模量/MPa	压缩系数/MPa^{-1}	排水距离/cm	固结系数/(cm^2/s)

附注：

计算＿＿＿＿＿＿＿　　　　　　　　　　　　复核＿＿＿＿＿＿＿

实验十　无侧限抗压强度测定

记录编号＿＿＿＿＿＿＿　　　　取样地点＿＿＿＿＿＿＿

土样编号＿＿＿＿＿＿＿　　　　实验日期＿＿＿＿＿＿＿

实验目的							
实验原理							
仪器设备及环境条件	仪器设备名称	型号	管理编号	示值范围	分辨率	温度/℃	相对湿度/％
样品状态描述			采用标准				

编号	轴向变形/mm	轴向应变/％	量力环读数/0.01mm	校正后面积/cm²	轴向应力/kPa	灵敏度

附注：

计算＿＿＿＿＿＿＿　　　　　　　　　　　　复核＿＿＿＿＿＿＿

实验十一 土的抗剪强度测定

方法一 直接剪切实验

记录编号＿＿＿＿＿＿＿＿＿　　　取样地点＿＿＿＿＿＿＿＿＿

土样编号＿＿＿＿＿＿＿＿＿　　　实验日期＿＿＿＿＿＿＿＿＿

实验目的							
实验原理							
仪器设备备及环境条件	仪器设备名称	型号	管理编号	示值范围	分辨率	温度/℃	相对湿度/%
样品状态描述			采用标准				

手轮转数量表读数垂直压力	100	200	300	400
抗剪强度				
剪切历时				
固结时间				
剪切前压缩量				

附注：

计算＿＿＿＿＿＿＿＿＿　　　　　　　　　　　　　复核＿＿＿＿＿＿＿＿＿

方法二　三轴抗剪实验

记录编号＿＿＿＿＿＿＿＿　　　　取样地点＿＿＿＿＿＿＿＿

土样编号＿＿＿＿＿＿＿＿　　　　实验日期＿＿＿＿＿＿＿＿

实验目的							
实验原理							
仪器设备及环境条件	仪器设备名称	型号	管理编号	示值范围	分辨率	温度/℃	相对湿度/%
样品状态描述			采用标准				

编号		实验前	实验后	钢环系数/（N/0.01mm）	
1	试样面积/cm²			剪切速率/（mm/min）	
	试样高度/m			周围压力/kPa	
	试样体积/cm³			初始孔隙水压力/kPa	
	试样质量 m/g			试样破坏描述	
	密度 ρ /（g/cm³）				
	含水率/%				
2	试样面积/cm²			剪切速率/（mm/min）	
	试样高度/m			周围压力/kPa	
	试样体积/cm³			初始孔隙水压力/kPa	
	试样质量 m/g			试样破坏描述	
	密度 ρ /（g/cm³）				
	含水率/%				

附注：

计算＿＿＿＿＿＿＿＿　　　　　　　　　　　　　复核＿＿＿＿＿＿＿＿

主要参考文献

鲍士旦，2005. 土壤农化分析 [M]. 3 版. 北京：中国农业出版社.

陈丛新，1994. 边坡稳定离心模型试验中离心力分布小均匀的影响 [J]. 岩土力学，15
（4）：39-45.

陈丽华，及金楠，等，2012. 林木根系基本力学性质 [M]. 北京：科学出版社.

陈良杰，邓岳保，刘嘉琳，等，2015. 植被根系抗拉性能测试与分析 [J]. 四川建筑（1）：
84-86.

董玉秀，宋珍鹏，崔素娟，2008. 对休止角测定方法的讨论 [J]. 中国药科大学学报，39
（4）：317-320.

盖小刚，2013. 林木根系固土力学特性研究 [D]. 北京：北京林业大学.

李宝玉，2011. 土工试验 [M]. 北京：中国水利水电出版社.

李和志，2014. 土力学实验指导 [M]. 南京：南京大学出版社.

刘东，2011. 土力学实验指导 [M]. 北京：中国水利水电出版社.

刘秀萍，陈丽华，宋维峰，2006. 林木根系与黄土复合体的抗剪强度试验研究 [J]. 北京
林业大学学报，28（5）：67-72.

南京水利科学研究院，1999. 土工试验规程：SL 237—1999 [S]. 北京：中国水利水电出
版社.

王丽萍，张嘎，张建民，等，2009. 抗滑桩加固薪性土坡变形规律的离心模型试验研
究 [J]. 岩土工程学报，31（7）：1075-1081.

王云琦，李云鹏，王玉杰，等，2013. 模拟根系整体对土壤抗剪强度影响的试验装置：
ZL201320035769. 8 [P]. 2013. 07. 03.

温州大学建筑与土木工程学院编写组，2012. 土木工程实验：实验指导书 [M]. 北京：科
学出版社.

肖艳华，2003. 颗粒大小分析试验中移液管法的操作与计算 [J]. 云南交通科技，19（2）：
12-16.

於海明，季明，孟为国，2006. 谷物休止角圆盘式快速测试仪结构优化与试验 [J]. 农业
机械学报，37（11）：57-59.

张甘霖，2012. 土壤调查实验室分析方法 [M]. 北京：科学出版社.

张洪江，2008. 土壤侵蚀原理 [M]. 北京：中国林业出版社.

赵雨森，王克勤，辛颖，2013. 水土保持与荒漠化防治实验教程 [M]. 北京：中国林业出
版社.

赵玉玲，2008. 土力学实验指导书［M］. 济南：济南大学出版社.

中华人民共和国水电部，1989. 土工试验方法标准：GBJ 123—88［S］. 北京：中国计划出版社.

中华人民共和国水利部，1999. 土工试验方法标准：GB/T 50123—1999［S］. 北京：中国计划出版社.

图书在版编目（CIP）数据

土力学实验指导教程 / 赵洋毅，段旭，熊好琴主编
. —北京：中国农业出版社，2018.1
ISBN 978-7-109-22303-5

Ⅰ.①土… Ⅱ.①赵… ②段… ③熊… Ⅲ.①水利工
程－岩土力学－实验－高等学校－教学参考资料 Ⅳ.
①TV223.3-33

中国版本图书馆 CIP 数据核字（2017）第 110023 号

中国农业出版社出版
（北京市朝阳区麦子店街 18 号楼）
（邮政编码 100125）
策划编辑 廖 宁
文字编辑 李兴旺

北京中兴印刷有限公司印刷 新华书店北京发行所发行
2018 年 1 月第 1 版 2018 年 1 月北京第 1 次印刷

开本：700mm×1000mm 1/16 印张：7.5
字数：200 千字
定价：38.00 元
（凡本版图书出现印刷、装订错误，请向出版社发行部调换）